A L'ILE SAINTE-MARIE

PAR

MARIE DE GENTELLES.

DESCLÉE, DE BROUWER & Cie,

IMPRIMEURS DES FACULTÉS CATHOLIQUES DE LILLE.

LILLE, 41, Rue du Metz. | PARIS, 30, Rue Saint-Sulpice.

MCMI.

A L'ILE SAINTE-MARIE

Xe SÉRIE

A L'ILE SAINTE-MARIE

PAR

MARIE DE GENTELLES

Société de Saint-Augustin

DESCLÉE, DE BROUWER et Cie

MCMI

A L'ILE SAINTE-MARIE

LE mardi de chaque semaine, Mlle Madeleine de Bonneuil recevait, de 2 à 6 heures du soir, dans son hôtel du faubourg St-Germain, et une longue suite d'équipages stationnaient alors le long de la rue de Grenelle où il était situé. Elle méritait bien du reste l'empressement que ses amies mettaient à aller la visiter.

Sa sœur aînée, Mme de Vibray, était morte très jeune dans de bien douloureuses circonstances. Son mari avait été tué en tombant de cheval, et, frappée au cœur par cet épouvantable accident, elle ne lui avait survécu que quelques mois. Elle laissait deux enfants : une petite fille de six ans et un garçon de quatre. Lorsqu'elle sentit qu'elle allait les quitter, elle supplia sa sœur Madeleine, qui n'avait que dix-neuf ans, mais dont elle connaissait le dévouement, d'être leur mère. Mlle de Bonneuil le promit ; et, pour accomplir complètement sa mission, elle refusa toutes les propositions de mariage qui lui furent faites. Orpheline et à la tête d'une grande fortune, elle avait été le point de mire de bien des mères, mais personne ne put triompher de la résolution qu'elle avait prise de se consacrer à son neveu et à sa nièce.

Elle avait maintenant quarante-cinq ans, ce qui la mettait depuis longtemps à l'abri des instances de ses amies. Belle, comme on peut l'être encore à cet âge, grande, avec une démarche gracieuse, des cheveux noirs, des yeux noirs aussi, mais très doux, une voix au timbre harmonieux, une intelligence très développée, une âme franche et droite, un cœur d'or, disait-on en parlant d'elle, telle était la femme charmante qui, le premier mardi de mars 1895, au moment où commence ce véridique récit, recevait avec une grâce parfaite les nombreuses visites qui se pressaient dans son salon.

Vers 5 heures on apporta le thé, et pendant qu'elle en faisait les honneurs, aidée par quelques jeunes filles qui se trouvaient là, elle se montrait plus gaie et plus aimable peut-être que jamais. Elle n'avait pas entendu une conversation qui se tenait à mi-voix entre deux dames assises dans un coin du salon.

— La pauvre Madeleine ne sait pas encore, disait l'une.

— Non assurément, car elle ne serait pas si gaie cette après-midi.

— Il faut avouer que ce malheureux Maurice n'a jamais donné grande satisfaction à sa tante qui s'est si complètement dévouée à sa sœur et à lui.

— Oh ! Jeanne aurait bien pu ne pas la laisser pour entrer au couvent.

— C'était une question de vocation, et Madeleine n'aurait voulu pour rien au monde empêcher sa nièce de répondre à l'appel de Dieu, et c'est de ce côté qu'elle a quelques consolations.

— Oui, son neveu qui avait d'abord donné de si belles espérances et qui semblait tout réunir pour devenir un homme distingué, ne lui cause maintenant que des peines et des ennuis.

— Madeleine a bien fait tout ce qu'elle a pu pour le maintenir dans la bonne voie, mais il y a tant de tentations pour un jeune homme riche et désœuvré ! Enfin qu'est-il arrivé hier soir au cercle ?

— Il a perdu cinquante mille francs, et Louis Deporte, son partenaire, qui est plus joueur encore que lui, a dit tout à l'heure à mon mari qu'il ne l'avait pas encore revu.

— Sa tante ignore tout, car elle a sa sérénité ordinaire.

Les deux causeuses se rapprochèrent des autres personnes.

L'heure s'avançait, et peu à peu les visites devinrent plus rares.

Lorsque Mlle de Bonneuil se retrouva seule, elle sonna et demanda au valet de chambre si M. Maurice était rentré.

— Non, Mademoiselle, répondit-il en lui présentant sur un plateau d'argent une lettre qu'on venait de lui remettre.

En la prenant, elle reconnut l'écriture de son neveu et l'ouvrit précipitamment. Elle ne contenait que ces mots :

« Ma chère tante,

« Ne m'attendez pas pour dîner. Je suis retenu près d'un ami ; je ne rentrerai que tard dans la soirée. »

Mlle de Bonneuil poussa un profond soupir. A 7 heures ½ elle dîna promptement et tristement. Elle ne recevait pas le soir et sortait fort rarement. Elle se retira dans sa chambre contrairement à ses habitudes, prit un livre qu'elle ferma bientôt, car son esprit était ailleurs et elle ne pouvait suivre sa lecture. Elle prêtait l'oreille aux moindres bruits, et la soirée s'écoula lentement et très péniblement pour elle. A 11 heures elle alla s'agenouiller sur un prie-Dieu, placé devant un grand crucifix en ivoire, magnifique œuvre d'art, et se mit à prier. Tout à coup, elle tressaillit, elle avait entendu un bruit et elle reconnaissait les pas de son neveu. Allait-il venir lui dire bonsoir, ou entrerait-il directement dans sa chambre, comme il le faisait souvent lorsqu'il revenait tard ? elle se demandait ce qui avait pu le retenir ainsi toute une nuit et toute une journée hors de chez elle. Depuis qu'il avait fait son service militaire, elle lui avait laissé une liberté qu'elle jugeait convenable pour un jeune homme de son âge, mais ce soir-là elle aurait voulu qu'il revînt vers elle ; elle s'était levée de son prie-Dieu et, debout dans le milieu de sa chambre, elle écoutait. L'appartement de Maurice était contigu au sien ; elle suivait pour ainsi dire chacun de ses mouvements. Ordinairement, lorsqu'il rentrait le soir, il se couchait presque aussitôt. Une heure se passa, et toujours elle l'entendait aller et venir dans sa chambre. Il ouvrit son secrétaire et posa sur son bureau un objet qui résonna d'une singulière façon. Un éclair traversa son esprit. N'était-ce pas un pistolet qu'il venait de prendre ? Elle n'hésita plus et, se dirigeant vers la porte qui donnait dans la chambre de son neveu, elle l'ouvrit vivement.

— Comment, ma tante, vous êtes encore levée à cette heure ?

— J'étais inquiète de toi, mon enfant, je craignais que tu ne fusses souffrant.

— Mais non.

— Alors qu'y a-t-il d'extraordinaire ?

Cette question était bien motivée par la pâleur du jeune homme. Ses yeux brillaient fièvreusement, ses cheveux, rejetés en arrière, indiquaient aussi une agitation qui ne lui était pas habituelle.

— Es-tu malade, mon cher Maurice ?

— Oh ! non, ma tante, et je vous en prie, allez vous coucher.

— Non, je ne te quitterai pas. Tu souffres, je le vois et je reste ici. Qu'est-ce que tu as ?

— Je vous supplie de me laisser.

Melle de Bonneuil avait mis la main sur un pistolet posé sur le bureau, car elle ne s'était pas trompée.

Maurice vit son mouvement.

— Prenez garde! il est chargé.

— Je le devine, malheureux enfant.

— Je ne puis plus vivre, murmura Maurice, tombant sur un fauteuil.

— Que signifie un pareil langage ?

— Oh! si vous saviez !...

— Eh bien, dis-moi.

— Je suis perdu...

— Tu as joué ?

— Oui, malgré ma promesse, j'ai joué. Je dois une très grosse somme et je n'ai pas trouvé à l'emprunter. Je suis déshonoré.

— Et cette somme est de combien ?

— De cinquante mille francs.

— Pourquoi n'es-tu pas venu me trouver ? Doutes-tu de mon affection pour toi, n'es-tu pas mon fils ?

— Je ne suis plus digne que vous me donniez ce nom.

— Demain matin tu auras les cinquante mille francs.

— Non, ma tante, je ne veux pas d'un pareil don. J'ai mangé toute ma fortune. Je me connais. Je vous promettrai de ne plus toucher à une carte et à la première occasion je succomberai à la tentation. Je n'ai qu'une chose à faire : disparaître...

— Mon pauvre enfant, tu es fou. Tu comptes donc pour rien mon chagrin et celui de ta pauvre sœur ?

Maurice cherchait à ressaisir le pistolet que sa tante tenait étroitement serré entre ses doigts.

— Du reste, dit-elle, tu ne peux disparaître qu'après avoir rempli tes engagements : Mon neveu ne peut mourir insolvable.

Ce raisonnement frappa Maurice.

— Eh bien soit ! je vous accorde ce sursis.

— Ce n'est pas un sursis que je veux, c'est une promesse. Écoute, mon enfant, lui dit-elle, si tu veux disparaître de la scène du monde, je te promets de t'en donner les moyens.

— Vous feriez cela ?

— Entendons-nous : Ce n'est point par la mort que tu disparaîtrais. Demain, quand tu auras été payer ta dette, tu viendras me trouver et nous causerons.

Melle de Bonneuil embrassa son neveu et rentra dans sa chambre. Elle se jeta à genoux et pria pendant longtemps. Quand elle quitta son prie-Dieu, elle était calme et cette sérénité que ses amies remarquaient en elle, s'était de nouveau répandue sur ses traits. Elle s'assit devant son bureau, écrivit plusieurs lettres, l'une était adressée à son notaire : elle lui demandait cinquante mille francs ; l'autre à sa nièce, la sœur

Jeanne de Sales, lui disant qu'elle irait à la Visitation le lendemain vers 9 h. et la priant de se rendre libre pour ce moment, « car, ajoutait-elle, j'ai à te parler de choses très sérieuses ».

Il n'était pas encore 7 heures du matin que déjà Melle de Bonneuil franchissait le seuil de son hôtel et se dirigeait d'un pas rapide vers la rue de Sèvres. Elle entra chez les Pères Jésuites,

LE R. P. OLIVAINT.

s'agenouilla quelques instants devant la chapelle des Martyrs, et demanda au Père Olivaint, qu'elle avait connu, aide et protection dans les graves circonstances où elle se trouvait. Au bruit d'une petite sonnette annonçant le commencement d'une messe, elle se leva et alla vers l'autel où se célébrait le saint sacrifice; elle y assista avec un si profond recueillement qu'elle ne vit même pas le salut amical de la marquise de Lamberteau, sa parente. Elle fit la sainte Communion, et, après une longue action de grâces, elle demanda le Père Fournier au parloir.

Le Père Fournier est un saint religieux. Sa haute taille, ses cheveux blancs, son regard ferme et énergique, sa parole nette et précise en imposent tout d'abord, mais quand on le connaît davantage, on découvre en lui une si grande bonté, unie à tant de prudence, que la confiance succède vite à la crainte et que l'on recherche avec empressement ses conseils toujours si sagement donnés.

Il avait connu toute la famille de Melle de Bonneuil et assisté à leur dernière heure son père, sa mère et sa sœur. C'était aussi le Père Fournier qui lui avait conseillé de consacrer sa vie à l'éducation de son neveu et de sa nièce, et qui la soutenait dans les moments difficiles qu'elle avait eu à traverser. Jamais elle n'aurait rien entrepris sans prendre les avis d'un si sage directeur, et aujourd'hui elle venait lui soumettre le projet qu'elle avait formé quelques heures auparavant. Après une longue conférence avec lui, elle se rendit au couvent de la Visitation de la rue de Vaugirard. La Sœur tourière, en la voyant arriver, s'étonna de cette visite matinale.

— Quelle surprise, Mademoiselle Madeleine, de vous voir à cette heure !

— Je désire parler à ma sœur Jeanne de Sales.

La tourière ouvrit la porte du parloir. Melle de Bonneuil y entra et alla s'asseoir contre la grille noire qui formait le fond de la pièce. Quelques instants plus tard, la grille intérieure s'ouvrait, et une jeune religieuse, de taille élevée, s'avança.

Ses traits extrêmement fins avaient une ressemblance frappante avec ceux de Melle Madeleine.

— Quel bonheur de vous voir, ma chère tante, dit la visitandine d'une voix harmonieuse; mais ce n'est pas l'heure ordinaire de vos chères visites. Qu'est-ce donc qui vous amène ce matin? Rien de fâcheux, j'espère ?

— Tu vas en juger, ma chère enfant, répondit Melle de Bonneuil, avec un accent un peu triste.

— Vous m'effrayez, ma tante.

— Il s'agit de ton frère.

— O mon Dieu! serait-il malade ?

— Je l'aimerais presque mieux, car il serait plus facile de le guérir physiquement que moralement.

— Il vous a encore fait de la peine ?

— Hélas! oui, et je crois que la situation est très grave.

Melle de Bonneuil raconta à sa nièce toutes ses inquiétudes de la veille et de la nuit.

— Que faire, mon Dieu, que faire en face d'une semblable situation? demanda sœur Jeanne de Sales.

— D'abord payer les cinquante mille francs et c'est fait.

— Encore, ma tante. Oh! que vous êtes bonne, trop bonne...

— Là n'est pas la difficulté, continua Melle Madeleine, sans paraître avoir entendu l'exclamation de sa nièce. Ton frère veut disparaître, et je lui ai promis de lui en fournir les moyens.

— Et comment ?

— Nous allons partir ensemble.

— Pour un voyage de quelques mois ?

— De quelques années.

— Ce n'est pas possible; vous ne pouvez pas quitter Paris, ni les œuvres dont vous êtes l'âme.

— Ma chère enfant, au-dessus de toutes ces œuvres, dont d'autres s'occuperont, il y a pour moi un grand devoir à accomplir. J'ai promis à ta pauvre mère mourante de vous élever, de veiller sur vous et de ne jamais vous abandonner. Pour toi, ma chère Jeanne, tu es au port, tu n'as plus besoin de moi.

— Oh! si, ma tante, toujours.

— Oui, nous nous aimons bien, et nous voir est un bonheur pour nos cœurs, mais ce bonheur nous pouvons le sacrifier.

— Où voulez-vous donc aller ?

— Il y a un mois, j'ai eu la visite de M. Léon Bienaimé. Tu le connais et tu sais combien on peut compter sur sa parole. Il est aujourd'hui le chef des pionniers africains. Il y a huit ans il est allé s'établir avec trois autres de ses compagnons dans une île qui nous appartient, située à peu de distance de Madagascar.

— L'île Sainte-Marie ?

— Oui : il y a entrepris de grandes plantations qui réussissent parfaitement ; mais son but et celui de ses confrères est plus élevé : il voudrait civiliser les habitants de l'île et les amener à la religion catholique.

— C'est le bout du monde !... et vous pensez à aller là, ma bonne tante ?

— Non seulement j'y pense, mais j'y suis absolument résolue.

— Réfléchissez, je vous en prie. Vous êtes très délicate de santé, le climat peut vous tuer, et alors !...

— Non, le climat est sain.

— Il doit y avoir des fièvres.

— Nous aurons de la quinine.

— Vous vous ennuierez à périr.

— Nous emporterons des livres.

— Oh ! ne plaisantez pas ainsi, ma bonne tante. Vous vous laissez entraîner par votre dévouement. Je vous en prie, demandez conseil avant de prendre une si grave décision.

— Je viens de passer une heure avec le Père Fournier.

— Et il vous approuve ?

— Complètement.

— J'étais convaincue qu'il vous arrêterait.

— Tu vois que tu t'étais absolument trompée.

— Je ne pense pas que Maurice accepte un pareil sacrifice.

— J'espère bien le décider à ce départ qui est tout à fait indispensable. Tu sais qu'un joueur ne se corrige guère. Puis il est dans un état de découragement dont un grand changement d'existence peut seul triompher. Voyager pour voyager ne le guérirait pas ; crois-moi, ma chère Jeanne, il n'y a de salut pour lui que dans un travail régénérateur. Là-bas, il sera dans un milieu tout nouveau; avec son intelligence et le goût très prononcé qu'il avait manifesté, il y a quelques années, pour tout ce qui touche à l'agriculture, goût dont nous le plaisantions tous, il ne peut manquer de prendre intérêt aux plantations que nous entreprendrons. Pour moi-même je t'assure que j'entrevois là-bas des jouissances inconnues et qui auront bien aussi leurs charmes.

— Je ne vous vois pas dans une hutte de feuillage et manquant non seulement du confort auquel vous êtes habituée, mais même des choses les plus indispensables.

— Tu te trompes, chère enfant, nous allons emporter une cargaison d'objets de toute nature, et cela va même retarder notre départ.

— Mais, ma tante, il semble vraiment que vous pensiez à cet exil depuis longtemps.

— C'est cette nuit que j'en ai eu la première idée et je viens te demander de m'aider à décider Maurice s'il a quelque hésitation.

— Il ne me confie plus ses ennuis.

— Je te l'enverrai cette après-midi et je compte absolument sur toi pour l'amener à accepter mes projets.

— Ce départ, c'est un mauvais rêve ; non, je ne puis y croire.

— Il faut cependant que tu t'y habitues. Nous t'enverrons le journal de notre voyage, la relation de tout ce que nous ferons là-bas.

— Ce sera une triste consolation.

Une cloche sonna dans l'intérieur de la communauté. La sœur Jeanne de Sales se leva.

— Au revoir, ma tante, la cloche m'appelle. Revenez bien vite. Si près du grand départ, notre bonne Supérieure me donnera toute permission pour vous voir.

— Oui, à bientôt, répondit Melle de Bonneuil,

La grille se referma, et elle quitta le parloir.

En rentrant chez elle, Melle Madeleine trouva un des clercs de son notaire qui l'attendait pour lui remettre les cinquante mille francs qu'elle avait demandés le matin. Son neveu n'était pas sorti de sa chambre ; elle lui porta la somme qu'elle venait de recevoir.

— Je ne devrais pas accepter, lui dit-il, je fais

le malheur de votre vie. Pourquoi m'avez-vous empêché d'en finir cette nuit ?

— Oh ! ne parle pas ainsi, Maurice. Va porter immédiatement cette somme à qui tu la dois, et reviens bien vite.

Le jeune homme sortit après avoir encore une fois remercié sa tante de sa générosité.

Il fut exact et rentra quelques minutes avant l'heure fixée pour le déjeuner. Il rencontra Melle de Bonneuil qui se dirigeait vers la salle à manger.

— En sortant de table, lui dit-elle, nous monterons chez moi.

Le déjeuner fut presque silencieux, et Jean, le domestique, qui servait Madeleine et Maurice, se demandait ce qu'il y avait pour qu'ils gardassent ainsi le silence. Le repas terminé, Maurice suivit sa tante et s'assit dans le fauteuil qu'elle lui indiquait.

— Quelle solennité ! dit-il en la regardant.

— Nous avons à causer de choses sérieuses.

— Je le vois bien.

— Est-ce que tu veux toujours disparaître du monde ?

— Oui, plus que jamais.

— Je t'ai promis de t'aider.

— Je ne comprends pas comment.

— Je vais te l'expliquer.

Et elle lui raconta la visite de M. Bienaimé.

— Il y aura là du bien à faire, conclut-elle, et notre vie pourrait avoir quelque utilité.

Comment *notre* vie ! Je ne suppose pas que vous ayez l'intention de vous exiler avec moi ?

— Mais oui, certainement.

— Jamais, jamais ! Vous, aimée, estimée par

tous ceux qui vous entourent, vous séparer d'amis dévoués...

— Qu'est-ce qu'on ne quitte pas pour sauver son enfant ?

— Oh! ma tante, c'est trop...

— Les missionnaires, les religieuses ne partent-ils pas avec joie pour les pays les moins civilisés ? Avant la mort de ta mère, j'avais l'intention très arrêtée d'entrer chez les Sœurs de Charité. Je suis donc rendue à ma vocation. Avec toi, mon enfant, l'éloignement me sera doux. Nous travaillerons ensemble et je t'assure qu'il y aura encore des jours heureux pour ta tante Madeleine.

— Cela ne me paraît guère possible. Que je parte seul, soit !... J'irai me faire tuer dans les Indes par quelque lion ou quelque panthère, mais vous entraîner dans une semblable entreprise, c'est irréalisable. Je vous en supplie, renoncez à ce projet. Je ne veux pas un pareil sacrifice. Laissez-moi partir pour un lointain voyage.

— Où tu te feras tuer comme tu le dis par quelque bête féroce. Non, nous partirons ensemble, c'est absolument décidé, et nous tâcherons que notre vie ne soit pas inutile.

— En supposant que nous partions, comment expliquer à notre entourage une semblable résolution ?

— Mais, mon enfant, je n'expliquerai rien du tout. Je n'ai de comptes à rendre à personne, je ne dirai même pas nos projets. Je désire voyager pendant quelques mois, tu m'accompagnes, quoi de plus naturel ? et si nous souffrons du changement de climat et d'habitudes, eh bien, nous reviendrons. Dans huit ou dix mois, nous pouvons être de retour.

Vas voir ta sœur et cause avec elle. Pour moi, il n'y a plus d'hésitation, et dès aujourd'hui je commence mes préparatifs.

— Oh ! je vous en conjure, attendez encore...

Maurice était habitué depuis longtemps au dévouement de sa tante. Il en avait eu bien des preuves; mais, il trouvait le sacrifice qu'elle voulait faire aujourd'hui pour lui réellement trop grand ; il ne pouvait l'accepter et il était convaincu que sa sœur lui conseillerait de refuser cet acte de si complète abnégation. Mais la sœur de Sales avait compris qu'au point où en étaient les choses, sa tante serait plus malheureuse en restant à Paris qu'en partant avec Maurice. Elle conseilla donc à son frère d'accepter la proposition qui lui était faite.

Les objections se succédèrent de la part du jeune homme.

— Ma tante est si délicate de santé, disait-il.

— Je lui ai exprimé mes craintes à ce sujet, répliqua la sœur Jeanne de Sales, et elle m'a répondu que l'on avait vu des améliorations tout à fait inespérées se produire chez des personnes bien autrement faibles qu'elle par un changement de climat, et elle m'a assuré que celui de l'île Sainte-Marie est excellent.

— Mais ses charmantes et si nombreuses relations, ses œuvres de charité qu'il faudra abandonner ?

— Je crois qu'elle en sentira vivement la privation, mais tu sais que quand ma tante a pris une décision, elle ne se laisse arrêter par aucun obstacle.

— Et toi, ma pauvre sœur, tu vas être privée de la présence de celle que tu aimes comme on aime une mère.

— Je ne puis nier que l'absence de ma chère tante sera pour moi une peine réelle, mais la pensée qu'elle te sera utile là-bas m'est déjà une consolation.

— Tu as réponse à tout. Il faut donc accepter ?

— Oui, je crois qu'il le faut... Mais vous n'allez pas partir immédiatement, il y a des préparatifs à faire.

— Ma tante ne m'a pas encore dit la date de notre départ, car jusqu'ici j'avais refusé son offre.

— Mais en ce moment tu n'hésites plus, n'est-ce pas, mon cher Maurice ?

— Je ne sais vraiment pas si...

— Ne cherche plus d'objections. Tu iras à l'île Sainte-Marie et vous y ferez le bien, vous y exercerez un véritable apostolat.

Lorsque Maurice quitta sa sœur, il était décidé à partir. Il le dit à sa tante, et dès lors ils causèrent souvent ensemble de leur séjour à l'île Sainte-Marie. Il s'y intéressait visiblement, et Mlle de Bonneuil était heureuse de ce premier résultat obtenu.

Comme elle l'avait dit à Maurice, elle prévint ses amies qu'elle allait faire un voyage dont elle ignorait la durée et qu'elle emmenait son neveu.

Mlle de Bonneuil était présidente d'un patronage de jeunes filles ; c'était son œuvre de prédilection. Elle s'en occupait beaucoup et plusieurs fois dans le courant de l'année, ses jeunes protégées venaient goûter chez elle et jouer dans le jardin où les attendaient toujours quelques surprises.

Il y en avait deux surtout auxquelles elle s'était particulièrement attachée ; elles appartenaient à une famille irréligieuse, et cela avait été vraiment providentiel qu'elles pussent faire partie du patronage. Elles avaient grand besoin d'être soutenues, encouragées. Mlle de Bonneuil leur manifestait un très vif intérêt, et elles avaient toute confiance en elle. Marie, l'aînée, était d'une excellente nature, pieuse et douce ; mais Louise, la cadette, avait un caractère difficile et peu de courage au travail. Marie disait souvent à Mlle de Bonneuil toutes les craintes que lui inspirait l'avenir de sa sœur. Aussi, lorsqu'elle apprit le prochain départ de leur bienfaitrice pour un long voyage, elle en fut consternée ; elle accourut rue de Grenelle.

— Oh ! mademoiselle, qu'allons-nous devenir sans vous ? et ma sœur !... vous seule aviez de l'empire sur elle.

Melle Madeleine rassura de son mieux la pauvre jeune fille, elle promit de lui écrire souvent, mais elle ne se dissimulait pas combien elle manquerait à Marie et à Louise.

Lorsque, rentrée dans sa chambre, Melle de Bonneuil fut assise devant sa table de travail sur laquelle se trouvaient encore quelques objets d'une layette qu'elle faisait pour l'œuvre des crèches, elle ne put retenir ses larmes. Depuis bien des années, elle avait trouvé de si douces jouissances dans toutes les œuvres qu'elle allait quitter !

Le jour suivant, elle s'occupa de régler les comptes de l'œuvre des orphelines de Marie, dont elle était la trésorière, et alla le lendemain les porter à la Ctesse du Perrieux, qui en était présidente, en la priant d'accepter sa démission.

— Mais je m'en garderai bien, chère Mademoiselle, lui répondit-elle. L'une de ces Dames vous remplacera pendant votre absence, c'est très simple, et quand vous reviendrez à Paris, vous reprendrez vos fonctions.

— Je vous en prie, Madame, faites-moi remplacer. On ne sait jamais ce qui peut arriver quand on entreprend un long voyage.

— Enfin, vous n'allez pas au bout du monde et quand même !......On en fait le tour en quatre-vingt-dix jours. Supposons que vous alliez plus lentement et que vous soyez absente quatre ou cinq mois.

Melle de Bonneuil ne put obtenir, malgré toutes ses instances, que sa démission fût acceptée. J'écrirai de là-bas, se dit-elle.

Elle quitta la Ctesse du Perrieux, qui ne se doutait guère des projets de la trésorière de l'Orphelinat Sainte-Marie.

Il y avait dans la rue de Grenelle, à quelques pas de la maison qu'occupait Melle Madeleine, un hôtel très ancien, celui des de la Roche. Le marquis, fort âgé, était paralysé des jambes depuis plus de dix ans, mais il avait conservé toute son intelligence et s'intéressait encore au progrès de la science et de la littérature. La marquise, plus jeune, mais souvent malade, ne sortait guère que pour aller à l'église. Elle avait beaucoup connu Mme de Bonneuil et reportait sur la fille toute l'affection qu'elle avait eue pour la mère. Madeleine la lui rendait bien... Pour épargner à sa vieille amie le chagrin que devait lui causer son départ, elle avait évité de lui en parler, mais la marquise l'apprit justement

NOTRE-DAME DE LA GARDE. (P. 32.)

par la Ctesse du Perrieux et quand Melle de Bonneuil vint la voir, comme elle le faisait souvent, elle lui demanda pourquoi elle ne lui avait pas encore parlé de ses projets.

— Parce que je suis triste de vous quitter, lui répondit-elle, et que je sais que mon départ vous fera aussi de la peine.

— Mais, mon enfant, dis-moi donc franchement pourquoi tu t'es décidée si promptement à faire, comme tu le dis, un long voyage? Tu es un peu casanière par nature, tu aimes ton chez toi, et tout à coup tu quittes Paris pour plusieurs mois. Évidemment tu as une raison pour changer ainsi tes habitudes.

— On a toujours un but quand on prend une décision.

— Et cette décision coïncide avec les folies de ton neveu. Tu l'emmènes ?

— Oui, Madame.

— Tu veux l'enlever à un milieu très mauvais pour lui. Je ne te blâme pas, au contraire, mais ne te fais-tu pas illusion? Après quelques mois d'absence, il reviendra; il retrouvera ses amis et alors que tu le croiras guéri de cette malheureuse passion du jeu, il reprendra toutes ses habitudes.

— Mais il ne reviendra pas de longtemps.

— Ni toi non plus ?

— Non certainement, ni moi non plus.

— Où donc allez-vous ?

Madeleine devait toute la vérité à l'amie de sa mère, elle la lui dit en la priant de n'en parler à personne.

— Chère enfant, toujours le dévouement; tu t'oublies toi-même, tu te sacrifies trop complètement. Et qui te dit que ton neveu, habitué à une vie inoccupée, se mettra courageusement à l'œuvre ?

— Je l'espère, il me l'a promis; si je n'obtiens pas pour lui un bon résultat, eh bien, je reviendrai.

— Que le bon Dieu récompense ton sacrifice, chère enfant, mais quel vide pour nous quand tu seras là-bas si loin !...

Le marquis, qui avait assisté à la conversation sans s'y mêler, dit à Madeleine qu'il l'approuvait et qu'il avait l'espoir que Maurice se montrerait reconnaissant. C'était, à son avis, la seule manière de le tirer d'une mauvaise situation. Le moyen est énergique, conclut-il, très généreux de la part de sa tante; mais Dieu lui doit son aide, et il ne la lui refusera pas.

Depuis que le départ était chose décidée, la vie semblait avoir pris un autre cours. Il y avait dans les conversations de la tante et du neveu un sérieux qui n'aurait étonné personne chez Melle de Bonneuil, mais qui était tout à fait nouveau de la part de Maurice. Pour la première fois il se trouvait en face d'un projet de vie grave, austère, dont il était un peu effrayé; mais il aurait eu honte de l'avouer à sa tante; cela eût été une sorte d'ingratitude. Elle avait été admirablement bonne pour lui. Il lui devait bien d'accepter comme une expiation de ses folies cet esssai de régénération par le travail : c'est ainsi que Madeleine avait présenté les choses à son neveu.

On s'occupait activement des préparatifs qui devaient demander quelque temps.

Melle de Bonneuil savait qu'il n'y avait dans

l'île que des huttes comme habitations, et elle trouvait cette manière de se loger par trop primitive. Elle écrivit donc en Norwège pour commander un de ces jolis chalets qui se démontent et peuvent ainsi être transportés à de grandes distances ; l'indication du nombre de pièces qu'elle désirait, de leur grandeur, de la hauteur des plafonds, etc., rien ne fut oublié. Quelques jours plus tard, elle reçut, par le télégraphe, l'assurance que le chalet serait prêt dans un mois. Il prendrait la route de Marseille pour y attendre les voyageurs et y être embarqué avec eux.

Ce n'était pas assez d'avoir pourvu à l'habitation. Il fallait penser aussi à tous les détails de l'ameublement de cette maison de bois qui allait devenir la demeure de la petite colonie parisienne. Melle de Bonneuil choisit avec son neveu un mobilier des plus simples et pouvant aller, du reste, à merveille avec le style du chalet.

Pour les vêtements, on ferait provision de linge, de lainage et autres articles. M. Bienaimé avait donné à Melle de Bonneuil des détails très intéressants et très complets sur le climat et sur le genre de vie que l'on menait à l'île Sainte-Marie; détails qu'elle ne pensait pas alors devoir lui être si utiles un jour. Des conserves alimentaires seraient nécessaires aussi pour les premiers mois de l'arrivée; mais c'est à Marseille seulement que l'on s'en occuperait.

Une question des plus importantes était celle des domestiques que l'on emmènerait; car on ne pouvait compter sur les indigènes de Sainte-Marie pour un service convenable. Il était indispensable d'avoir au moins une cuisinière et un valet de chambre. Depuis de longues années,

Madeleine avait chez elle un ménage qui remplissait ces doubles fonctions. Marcelline avait quarante-cinq ans, son mari était un peu plus âgé. Ils avaient perdu leur unique enfant et ils étaient fort attachés à leur maîtresse qui s'était toujours montrée très bonne pour eux.

Lorsque Madeleine les avertit qu'elle allait partir pour plusieurs mois :

— Vous nous emmenez, n'est-ce pas, Mademoiselle? dit Marcelline.

— Nous allons si loin, mon neveu et moi, que je ne pense pas à vous proposer de venir.

— Mais, Mademoiselle, répliqua Jacques, nous irions au bout du monde avec vous.

— Je ne demanderais pas mieux que de vous emmener; j'en serais même très enchantée; mais, il y aura une longue traversée à faire.

— Qu'importe? j'ai navigué pendant quelques années, dit Jacques avec une nuance de fierté; j'ai fait mon service dans la marine.

— Soit, mais, votre femme ?

— Je ne puis avoir peur de la mer, répondit Marcelline, en riant, puisque mon mari est un ancien marin.

— Réfléchissez bien, conclut Madeleine ; demain vous me donnerez votre décision.

— Nous n'avons pas à réfléchir, nous vous suivrons, Mademoiselle.

Madeleine était profondément touchée du dévouement de Jacques et de Marcelline. C'était pour elle une grande tranquillité de les conserver. Restait Lisbeth, la femme de chambre qui avait été celle de Mme de Bonneuil. Elle avait cinquante ans et une santé assez délicate.

Melle de Bonneuil ne savait vraiment que faire

en ce qui la concernait. La laisser à Paris en lui donnant les moyens d'y vivre tranquillement avait été sa première pensée ; mais, quand Lisbeth sut que sa chère maîtresse allait partir, que Jacques et Marceline la suivaient, elle déclara qu'elle aussi voulait l'accompagner.

Aux objections qui lui furent faites sur son âge, sa santé, elle répondit qu'elle n'avait aucune hésitation, car Mme de Bonneuil mourante lui avait recommandé de ne jamais quitter sa chère fille.

Madeleine trouva qu'il n'y avait rien à répondre, et il fut décidé que Lisbeth partirait aussi.

Quant au cocher, puisque l'on n'emmenait ni chevaux ni voitures, il fallait bien lui dire de chercher une place. De même pour la fille de cuisine et un jeune domestique qui étaient plus nouveaux dans la maison. Les concierges restaient naturellement à leur poste. L'hôtel serait tenu par eux, de façon à ce que l'on pût y arriver inopinément en cas de retour.

Pour être vrai, il faut avouer qu'à mesure que le moment du départ approchait, à mesure aussi Melle de Bonneuil sentait plus vivement le serrement de cœur qu'elle éprouvait en quittant Paris, sa nièce, ses amies, ses œuvres. Cette peine, dont personne ne soupçonnait l'intensité, ne lui donnait pas la plus légère hésitation, mais rendait plus méritoire son sacrifice devant Dieu.

Madeleine profitait de la permission qui avait été donnée par la Supérieure de la Visitation à la sœur Jeanne de Sales et elle venait presque chaque jour causer avec sa nièce. Il fallait bien profiter des dernières semaines passées à Paris, puisqu'il devait s'écouler un temps si long avant qu'on ne se revît. Maurice allait souvent aussi à la Visitation, et là, il confiait à sa sœur non pas ses espérances, mais plutôt ses inquiétudes pour Melle de Bonneuil.

— Oh ! qu'il serait préférable que je partisse seul ! Tu devrais demander à ma tante de rester en France. Il est temps encore, et tout serait mieux ainsi.

— Mais la sœur Jeanne de Sales n'était pas de cet avis. Elle savait que Maurice, abandonné à lui-même, ne réagirait pas contre le découragement qui s'était emparé de lui.

Le départ avait été fixé au 9 mai et ce même jour à 7 h. du matin, nous retrouvons les voyageurs dans la chapelle de la Visitation où le Père Fournier avait voulu dire la messe pour les voyageurs.

Melle de Bonneuil avait désiré que Jacques, Marcelline et Lisbeth vinssent aussi demander à Dieu de les protéger et de les bénir.

Derrière la grille du chœur, la sœur Marie de Sales priait avec ferveur. Il y avait quelque chose de bien touchant dans cette réunion au pied de l'autel de ceux qui allaient partir et de celle qui ne pouvait suivre que de cœur une tante et un frère qu'elle aimait si tendrement.

Après la messe, Melle de Bonneuil et Maurice firent leurs adieux à la chère Visitandine. Quelques larmes coulèrent ; pouvait-il en être autrement ?

Le soir, l'express de 10 h. ½ de Lyon-Méditerranée les emportait vers leur lointaine destination.

Melle de Bonneuil à Sœur Marie de Sales.

Marseille, le 13 mai 1895.

C'est à quatre h., ma chère Jeanne de Sales, que nous nous embarquons; il n'en est que deux, nous sommes prêts pour le départ et je profite de ces quelques instants pour t'écrire. Ainsi que te l'a annoncé notre dépêche de vendredi soir, notre voyage s'est bien passé, sans aucun incident.

Samedi nous nous sommes occupés des divers achats que nous voulions faire ici : conserves alimentaires en grande quantité, quelques vêtements appropriés aux chaleurs excessives que nous allons avoir à supporter pendant la traversée et encore bien des choses que nous avions oubliées.

Pour obéir à ta recommandation, nous nous sommes pourvus de ceintures de sauvetage ; mais tu le sais, ma chère Jeanne, ce n'est pas des hommes que nous attendons notre secours, et ce matin nous sommes tous montés à Notre-Dame de la Garde. J'ai demandé à Celle qui est l'Étoile de la mer, de protéger notre voyage et surtout de guider nos pas dans cette voie si nouvelle où nous allons nous engager. Maurice était agenouillé près de moi, je crois qu'il unissait ses prières aux miennes et lorsqu'en sortant de la chapelle, je m'arrêtai un instant, appuyée sur son bras, pour contempler cette vaste étendue de mer, il paraissait très ému.

Nous avons trouvé ici toutes les caisses expédiées de Paris et aussi l'envoi de Norwège, ces bois qui seront dans quelques mois notre demeure. Les Messageries maritimes se chargent de l'embarquement, et nous n'avons pas à nous en occuper. Nous avons visité ce matin le paquebot. Tout m'y paraît bien aménagé, et je ne suis pas effrayée d'y passer quelques semaines. Lorsque je serai à bord, je commencerai le journal que je t'ai promis et je te l'enverrai de Port-Saïd, où nous nous arrêterons le 18 ou le 19.

Au revoir, ma chère Jeanne, je compte sur tes bonnes prières et sur celles que ta Mère Supérieure a bien voulu me promettre. Je t'embrasse de cœur.

A bord de l'*Iraouaddy*, le 14 mai 1895.

Je commence donc aujourd'hui mon journal de bord. Comme je te l'avais écrit de Marseille, c'est hier à 4 h. que tous les passagers se sont embarqués, et ils sont nombreux. C'est un spectacle assez original que celui de l'installation de ces centaines de personnes qui cherchent toutes à s'organiser le moins mal possible. En première, nous sommes bien ; ma cabine et celle de Maurice sont voisines. Nous avons toutes les choses indispensables réunies dans un fort petit espace ; j'étais si fatiguée de notre voyage en chemin de fer et de tous nos préparatifs que je me suis endormie, aussitôt étendue, sur la couche étroite et un peu dure qui nous est départie. La mer était calme, et je me sentais bercée par les flots. Aucun de nous jusqu'ici ne lui a payé son tribut, mais quelques passagers, au cœur moins solide, n'ont pas été aussi heureux.

Je suis restée toute la matinée sur le pont, où Maurice, très attentif pour moi, m'avait organisé une petite installation fort commode ;

de là, j'ai pu observer les allées et venues du plus grand nombre des personnes avec lesquelles nous allons vivre pendant plus d'un mois : Voici d'abord un jeune ménage. Font-ils leur voyage de noces ? A leur humeur joyeuse, je le penserais s'il s'agissait de l'Italie ou de la Grèce ; mais je crois plutôt qu'ils regagnent l'une de nos possessions où le mari remplit sans doute quelques fonctions administratives. Puis une dame âgée, à l'air très distingué et très respectable, accompagnée d'une jeune personne qui paraît être sa petite-fille ; elles sont l'une et l'autre en grand deuil ; toute une famille composée du père, de la mère et de six enfants d'âge gradué ; trois religieuses à la blanche cornette, des filles de Saint-Vincent de Paul qui s'en vont loin de leur patrie, peut-être à Madagascar ; deux Pères dominicains et un Père lazariste. Ma joie a été grande en les apercevant, car grâce à eux nous aurons la sainte messe à bord. Dès aujourd'hui, on organise une petite chapelle dans une cabine des premières. L'un des Dominicains est âgé, ses cheveux blancs, sa haute stature rendent son aspect fort imposant. Le second est beaucoup plus jeune. Le Lazariste paraît très sympathique ; je le vois souvent causer avec les fils de Saint-Dominique. Il y a encore un grand monsieur à longue redingote, dont la démarche est solennelle. Je l'aperçois qui arpente lentement le pont. Il est accompagné d'une dame mince, un peu anguleuse, à la chevelure du plus beau rouge. Je ne crois pas me tromper en pensant que c'est un ministre protestant avec sa femme.

Le médecin du bord remplit ses fonctions en

conscience ; il va de l'un à l'autre, cause quelques instants avec les passagers. Le commandant me l'a présenté. J'espère bien n'avoir pas besoin de ses services. C'est un Breton, un bon père de famille ; sa femme et ses enfants sont à Saint-Malo.

— Hélas ! me disait-il un peu tristement, je ne les reverrai que dans trois mois.

Un certain nombre de passagers, qui ont très peur du mal de mer, sont restés couchés dans leurs cabines. Nous les verrons un autre jour.

Le capitaine Monard qui commande l'*Iraouaddy* est fort bien. Il paraît très complaisant. Maurice est déjà entré en relations avec lui.

Nous apercevons la Corse, et l'arôme de la végétation printanière arrive jusqu'à nous. Quel doux et délicieux parfum !

Le 15 mai.

Nous avons eu ce matin une messe à bord. On est plus religieux en mer qu'à terre, car un grand nombre de passagers se sont pressés autour de l'autel où se célébrait le saint sacrifice ; mais je n'ai pas aperçu le grand monsieur en longue redingote, ce qui vient à l'appui de mon opinion.

Dans la matinée, pendant que j'étais assise sur le pont, comme la veille, Maurice m'a amené les deux Pères dominicains. Nous avons causé longuement, ce qui m'a fait grand plaisir. Le plus âgé est le Père de Marny, supérieur d'une mission dans l'Ouganda. Son compagnon, le Père Jourdain, paraît aussi plein d'ardeur pour l'apostolat qu'il va exercer.

Cette après midi, je tâcherai de faire la connaissance des bonnes Sœurs de Charité et du Père Lazariste. Tu vois, ma chère Jeanne, que nous sommes en bonne société.

Maurice de Vibray à la sœur Jeanne de Sales.

A bord de l'*Iraouaddy*, le 16 mai 1895.

Ma chère sœur,

Mes craintes n'avaient rien d'exagéré : notre chère tante n'était vraiment pas de force à entreprendre un si long voyage.

La première journée de traversée s'était bien passée, elle était même très fière de n'avoir pas le mal de mer, cependant je la trouvais pâle et ses traits me semblaient altérés, bien qu'elle m'affirmât se porter à merveille. Le second jour, elle assista à la messe, elle y communia, mais au déjeuner, elle ne prit presque rien ; le soir elle se retira de fort bonne heure. Ce matin, ne la voyant pas sortir de sa cabine comme à l'ordinaire, je commençais à m'inquiéter, lorsque Lisbeth m'appela. Ma tante avait passé une très mauvaise nuit. Après avoir essayé de se lever, elle dut se remettre au lit. J'allai vite prévenir le médecin du bord, M. Delorme, qui trouva qu'elle avait de la fièvre et qu'elle était très faible. Il ordonna quelques médicaments. Je le suivis sur le pont et il ne me dissimula pas que l'état de ma tante lui paraissait assez sérieux.

— Est-ce que vous craignez le commencement d'une maladie ? lui demandai-je.

— Non, me répondit-il.

Il semblait réfléchir.

— Madame votre tante n'a t-elle pas eu une forte émotion ?

— Oui, en effet, il y a quelques mois.

— Cela m'expliquerait cette faiblesse, cette prostration qui sont survenues si brusquement. Hier matin, je causais avec elle sur le pont et j'admirais comment elle semblait déjà habituée à la vie que nous menons à bord.

Je laissai parler le docteur, mais comment te dire, ma chère sœur, combien je suis préoccupé ? C'est donc moi et tout ce qu'elle fait pour me sauver qui l'avons ainsi brisée !

— Cet état, vous en triompherez ? dis-je au docteur.

— Je l'espère ; mais la traversée est encore longue, car je suppose que vous allez jusqu'à Madagascar ?

— Oui, seulement dans les circonstances actuelles nous ne continuerons pas notre voyage. Nous débarquerons à Port-Saïd, où nous attendrons un bateau qui nous ramènera en France.

— Oh ! il ne faut pas aller si vite, ni laisser croire à Madame votre tante que vous pensez à prendre des mesures si extrêmes. Son tempérament,qui me paraît bon,surmontera cette crise.

Je retournai près de ma tante, elle sommeillait à demi ; elle ouvrit les yeux quand j'entrai dans sa cabine, et me tendit la main.

— Est-ce que vous souffrez beaucoup ? lui demandai-je.

— Je ne souffre pas du tout, me répondit-elle, je me sens seulement un peu fatiguée. Il faut bien payer son tribut à la mer. Lisbeth me dit que Jacques et Marcelline ont tous les deux le mal de mer, moi je suis prise d'une autre façon, c'est l'affaire de quelques jours.

— Je suis désolé... c'est pour moi...

— Enfant, me répondit-elle en me serrant la main, ne t'attriste pas pour si peu, vas donc te promener sur le pont.

Je pensai qu'il était préférable de la laisser se reposer. Je me retirai, et Lisbeth resta près d'elle.

Étonnés de ne pas la voir à sa place ordinaire, les Pères Dominicains vinrent me demander de ses nouvelles, puis les sœurs de Charité.

En apprenant qu'elle était souffrante, la plus âgée, qui est sans doute la supérieure, exprima le désir d'aller la voir.

— Je suis sûr, lui répondis-je, qu'elle sera heureuse de votre visite.

Le 17 mai.

Ma tante n'est pas mieux. Sa nuit a encore été fort agitée. Ce matin après la messe, le Père de Marny lui a porté la communion. Lisbeth m'avait prévenu. J'en étais fort impressionné. Se voit-elle donc si malade? Je pris le cierge que me présenta le jeune Père Jourdain. Avec lui et le Père Lazariste, je suivis le Père de Marny. Ma tante semblait heureuse étendue sur cette petite couche où elle devait être si mal. Je restai près d'elle en proie, je l'avoue, aux plus tristes pensées. Lorsqu'elle eut fini ses prières, elle se tourna vers moi.

— Comment! tu pleures? me dit-elle en voyant quelques larmes dans mes yeux. Mais je ne suis pas plus souffrante qu'hier et je n'ai pas communié en viatique. J'ai très bien pu rester à jeun cette nuit. Le Père de Marny, que j'ai vu hier, est d'une très grande bonté; il m'a proposé de m'apporter la communion, et je lui en suis très reconnaissante.

Tout le monde s'intéresse à notre chère tante, voire même le ministre protestant qui m'a arrêté pour me demander de ses nouvelles. C'est la première fois qu'il me parle. Les sœurs de Charité se succèdent près d'elle.

— Comme le bon Dieu me gâte! me disait-elle tout à l'heure: des religieux pour me visiter, des Sœurs garde-malades comme il n'y en a pas.

Nous approchons de Port-Saïd; nous y serons demain soir. Pour moi, il est certain que le plus sage serait de nous y arrêter. Il doit y avoir un hôtel passable; nous resterions là jusqu'à l'arrivée d'un bâtiment retournant en France. L'état de ma tante n'est pas inquiétant, mais j'y vois la preuve que sa santé n'est pas en rapport avec son courage et son énergie et qu'elle ne pourrait supporter d'abord le long voyage dont nous ne sommes qu'à la première étape, ni surtout les privations qui nous attendent à Sainte-Marie. Mais je ne sais trop comment m'y prendre pour obtenir d'elle l'abandon de ses projets.

Le 18 mai.

J'ai vu cette après-midi le Père de Marny près de ma tante, et la pensée me vint alors de lui demander son intervention pour la décider à retourner en France. Je dus le mettre au courant de la situation. Je le fis en lui disant tout. Il réfléchit quelques instants.

— Je ne pense pas que Mlle de Bonneuil

consente à renoncer à ses projets. Je veux bien lui en dire un mot, mais je suis sûr de ne rien obtenir. Elle est convaincue que son indisposition est sans gravité. Espérons qu'elle ne s'illusionne pas.

Le 19 mai.

Ainsi qu'il l'avait prévu, le Père de Marny a échoué près de ma tante. Elle s'étonna lorsqu'il lui dit qu'il serait peut-être prudent de s'arrêter quelques semaines à Port-Saïd. Elle ne lui laissa pas la possibilité de parler du retour en France.

— Mon Père, lui répondit-elle, quand on marche vers un but, il ne faut pas se laisser arrêter par des difficultés de détail.

Désolé de cette opposition si formelle, je consultai le docteur.

— Je ne suis pas de votre avis, me dit-il. Votre tante est encore très faible, la faire débarquer, l'installer dans un hôtel plus ou moins confortable, peut lui faire beaucoup plus de mal que de bien, sans compter que cela l'inquiéterait. Nous verrons comment elle sera quand nous arriverons à Aden, d'où on pourrait encore reprendre le chemin de la France.

Je n'avais plus rien à dire.

Le 20 mai.

La nuit a été plus calme pour notre chère malade, et ce matin le docteur a constaté une légère amélioration, qu'il trouve de bon augure. Je suis heureux de pouvoir ajouter ces meilleures nouvelles à ce triste journal commencé par ma tante au lendemain de notre embarquement. Elle a voulu te tracer tout à l'heure quelques lignes dans son lit pour te rassurer. Nous arriverons ce soir à Port-Saïd, où nous laisserons notre courrier.

Mademoiselle de Bonneuil à sœur Jeanne de Sales.

J'ai été un peu souffrante ces jours derniers, rien de sérieux. Je vais mieux, presque tout à fait bien. On m'a empêchée d'écrire, et Maurice a continué le journal de bord. Je veux te dire que je pense beaucoup à toi et t'embrasser de cœur.

Le 22 mai.

Je commence par te dire, ma chère Jeanne, que j'ai repris ma place sur le pont et qu'il n'est plus question de maladie. Chose un peu étrange, cette simple et courte indisposition m'a attiré de nombreuses sympathies. Cela tient à la vie commune que nous menons sur le bâtiment : vivant ensemble, nous ne pouvons rester étrangers les uns aux autres.

Hier l'*Iraouaddy* a fait escale devant Port-Saïd. Il était au large à cinq cents mètres environ de la ville. Presque tous les passagers sont descendus à terre dans de petites barques qui étaient venues les chercher. Je suis restée tranquillement sur le pont avec Mme de Montore, la vieille dame que j'avais remarquée lors de l'embarquement et que j'ai revue assistant à la messe avec la jeune fille qui l'accompagne.

Pendant les quelques jours où j'ai été souffrante, elle avait demandé plusieurs fois de mes nouvelles, tantôt à Maurice, tantôt à Lisbeth. Je l'ai remerciée de l'intérêt qu'elle avait bien voulu me porter, et la connaissance étant ainsi faite, nous avons causé. La conformité de nos croyances et de nos goûts devait nécessairement nous rapprocher l'une de l'autre. Les généralités ont d'abord fait les frais de notre conversation, qui devint peu à peu plus intime. J'ai appris alors qu'elle allait à Madagascar avec sa petite-fille pour y retrouver son fils, fonctionnaire français, qui y réside depuis quelques années. Il venait de perdre sa femme et il avait demandé à sa mère de lui amener sa fille Antoinette qu'il avait laissée en France pour y terminer son éducation. Mme de Montore avait hésité un instant à entreprendre ce long voyage; sa santé était fort délicate et elle redoutait un changement de climat, mais elle sentait son fils triste et malheureux, et elle s'était décidée à partir.

Antoinette est charmante; elle a été élevée au Sacré-Cœur, et je connais les mères de plusieurs de ses compagnes.

Les bonnes Sœurs n'étaient pas descendues non plus à Port-Saïd ; elles vinrent nous retrouver, et je t'assure que nous avons passé ensemble quelques heures bien agréables.

Que te dire de Port-Saïd? Ce que m'en a raconté ton cher frère. C'est la ville la plus cosmopolite du monde. On y rencontre des gens de tous les pays. Il y a de nombreux bazars où l'on vend, à des prix très raisonnables, des articles de Paris fabriqués sans doute par les indigènes.

Maurice m'a rapporté une petite boîte à compartiments, pour mettre fil et aiguilles, ressemblant à s'y méprendre à celles de nos magasins parisiens. Il a visité l'église catholique desservie par des franciscains et a causé quelques instants avec l'un d'eux.

A leur retour de Port-Saïd, les passagers ont été égayés un moment par un essaim de petits égyptiens qui nageaient comme de véritables poissons autour du bâtiment et qui criaient de toutes leurs forces : « Donni un sou Mosieu. »

On leur jette quelques sous qui tombent à la mer ; ils plongent et se battent sous l'eau pour les ramasser. Après avoir regardé si la monnaie est bonne, ils la mettent dans leur bouche et recommencent à crier : « Donni un sou. »

A 7 h. on a levé l'ancre, et nous sommes entrés dans le canal de Suez.

La traversée se fait lentement. On aperçoit les feux au loin. La route que nous suivons est indiquée par des bouées. C'est le désert de chaque côté du canal, et cela est fort triste.

Le bruit de la chaîne du gouvernail, toujours en mouvement pour maintenir le bâtiment dans le milieu du chenal, et la voix stridente des commandements transmis dans la chambre des machines, rendent le sommeil impossible.

Beaucoup de passagers sont restés sur le pont pendant toute la nuit, et Maurice me disait que la lueur du projecteur électrique qui éclairait tour à tour les divers points du désert, avait quelque chose de fantastique.

Vers le matin, nous avons aperçu des caravanes de chameaux.

Cette séparation de deux continents est vraiment une œuvre grandiose, et M. de Lesseps a bien mérité de la postérité en l'entreprenant et en la menant à bonne fin. Les affaires commerciales de l'Europe avec l'Océan Indien ont décuplé depuis l'inauguration du canal.

Le 23 mai.

Nous voilà sur la mer Rouge. La chaleur est accablante. Malgré toutes les précautions prises pour en combattre les fâcheux effets malgré le pankah, dont le mouvement très régulier devrait apporter quelque fraîcheur, malgré la tente qui couvre la plus grande partie du pont, malgré le casque colonial dont le port est obligatoire jusqu'à l'heure du dîner, plusieurs des passagers ont été sérieusement atteints. Grâce aux bons soins du docteur Delorme, nous n'avons eu aucun cas de mort à déplorer.

Le Père de Marny s'est chargé de nous rappeler le fait si frappant, rapporté par l'Écriture sainte, qui a eu pour théâtre l'endroit même où nous nous trouvons. Il nous a lu les versets de la Bible qui le raconte.

« Les Égyptiens poursuivaient les enfants d'Israël pour les empêcher de sortir de leur pays, mais le Seigneur dit à Moïse qui le priait: Dites aux enfants d'Israël qu'ils marchent, et pour vous, élevez votre verge, étendez votre main sur la mer et la divisez afin que les enfants d'Israël marchent à sec au milieu de la mer...

« Moïse ayant étendu la main sur la mer, le Seigneur l'entr'ouvrit, les enfants d'Israël marchèrent à sec au milieu de la mer ayant l'eau à droite et à gauche qui leur servait comme de murs. Et les Égyptiens qui les poursuivaient entrèrent après eux au milieu de la mer avec toute la cavalerie de Pharaon, ses chariots et ses chevaux.

« Lorsque la veille du matin fut venue, le Seigneur ayant regardé le camp des Égyptiens, fit périr leur armée ; il renversa les roues des chariots et ils furent entraînés au fond de la mer. Alors les Égyptiens s'entredirent : Fuyons les Israélites parce que le Seigneur combat pour eux contre nous.

« En même temps, le Seigneur dit à Moïse : Étendez votre main sur la mer afin que l'eau retourne sur les Égyptiens, sur leurs chariots et sur leur cavalerie.

« Moïse étendit donc la main sur la mer dès la pointe du jour et elle retourna au même lieu où elle était auparavant.

« Ainsi lorsque les Égyptiens s'enfuyaient, les eaux vinrent au devant d'eux, et le Seigneur les enveloppa au milieu des flots et il n'en resta pas un seul. »

Cette lecture me fit une grande impression. Il me semblait voir les flots qui se retiraient et entendre le bruit des chariots et de la cavalerie de Pharaon. C'est incroyable comme l'imagination est frappée par le récit d'un événement qui s'est passé sur le lieu même où l'on se trouve.

Le 24 mai.

La chaleur continue d'être intense. L'Écriture sainte dit que les Israélites étaient éclairés la nuit par une colonne de feu et protégés le jour des ardeurs du soleil par une colonne de nuées. Je t'assure, ma chère Jeanne, que nous serions bien heureux aussi d'une nuée qui nous donnerait un peu de fraîcheur. Plusieurs personnes sont malades, Jacques est fortement attaqué et Maurice n'est pas sans inquiétude pour lui.

Le bateau relâche à Obock, qui appartient à la France. Tout le monde veut descendre, car c'est là un petit coin de la patrie absente. Je désirais aller fouler aussi le sol français, mais Maurice m'a suppliée de ne pas essayer cette promenade qu'il trouve imprudente pour moi. Le docteur Delorme me plaisante un peu sur ce désir qu'il appelle patriotique et propose de me rapporter quelques pincées de cette terre qui nous appartient. Obock est du reste très triste, sans aucune trace de végétation, et son seul établissement français est un pénitencier. Les habitants sont noirs ; ils ont les traits réguliers, les cheveux crépus. Maurice en a vu plusieurs armés d'une lance et dont les mâchoires avançaient d'une manière effrayante. Il paraît que quelques-uns des indigènes des montagnes mangent la chair humaine, ce qui explique leur air féroce.

Nous passons devant l'île de Périm qui est une véritable terre de désolation ; elle appartient aux Anglais qui y entretiennent une garnison. Le séjour dans cette île est si triste, qu'on est obligé de changer fréquemment la garnison à cause du spleen qui s'empare des malheureux soldats qui gardent la forteresse.

Le 25 mai.

Hier matin nous arrivions à Aden. L'*Iraouaddy* devait rester là pendant dix heures. Après douze jours de traversée, je sentais vraiment le besoin de descendre sur la terre ferme. Je vais très bien et je ne vis aucun inconvénient à faire cette promenade qui ne devait pas être une fatigue pour moi. Les bonnes sœurs et Mme de Montore descendirent aussi.

Nous avons trouvé sur le port des voitures à quatre roues attelées de petits chevaux du pays qui nous conduisirent jusqu'à la ville, située derrière des rochers. La route est aussi bien entretenue que le sont les routes françaises ; elle est très fréquentée. On y rencontre des attelages de chameaux, de dromadaires, des véhicules grossiers traînés par des zèbres.

Les maisons sont bâties très régulièrement et à la mode orientale, toutes blanchies à la chaux.

Les indigènes portent des costumes aux couleurs voyantes. Ce qu'il y a de plus curieux à Aden, ce sont des bassins naturels que l'on a recouverts de ciment et qui conservent l'eau, mais pendant six mois de l'année ils sont à sec.

Nous retournons à bord à 4 h. Des indigènes, montés sur de nombreuses pirogues, viennent autour du bateau pour vendre aux passagers des fruits, des dattes, des noix de coco, des citrons, des huîtres et même des étoffes. Leur type se rapproche beaucoup de celui des Somaliens. Là aussi les enfants crient : « Donne un sou. » Ils sont hardis, ils montent jusqu'au bastingage et, pour deux sous, ils se jettent de là dans la mer et vont chercher la pièce de monnaie qui est y tombée.

A 5 h. on a levé l'ancre et nous avons dit adieu à la terre jusqu'à Zanzibar. Nous allons être pendant six ou sept jours entre la mer et le ciel.

Le 26 mai.

Vers le soir nous apercevons le cap Gardafui. On craint la tempête et à l'avant sur le gaillard, on s'empresse d'assujettir tout ce qui pourrait être enlevé par une bourrasque. Les matelots se hâtent dans leur besogne et en passant près de nous ils disent très haut, sans doute pour nous effrayer un peu : on va danser cette nuit. Quelques heures plus tard, un vent du sud soufflait avec violence.

Le 27 mai.

Ce matin le vent est plus fort encore. Maurice monte sur le gaillard, où il a peine à se tenir debout. Quant à moi et aux autres dames, il n'y a pas moyen d'affronter cette tourmente et nous restons, les unes dans nos cabines, les autres dans le salon. Le mal de mer fait pendant cette journée un grand nombre de victimes. Maurice et moi, nous tenons bon ; mais Lisbeth, Marcelline et Jacques sont tout à fait malades. Le soir au dîner nous ne sommes que dix. Le capitaine espère que demain le temps sera plus calme.

Le 28 mai.

Le roulis et le tangage sont si forts, qu'il est impossible aux bons religieux de dire la Ste Messe. Le soir la mer est un peu moins houleuse.

Le bâtiment est entouré d'une quantité considérable de méduses qui scintillent dans les flots comme des étoiles. Les passagers, qui sont encore debout, regardent pendant des heures

ADEN. (P. 46.)

entières ces points brillants qui courent avec la vague.

Le 29 mai.

Nous avons passé la *ligne* ce matin. Ce passage n'est plus aujourd'hui l'occasion d'interminables réjouissances. On a organisé un petit concert qui, vu la rareté du fait, nous a causé un vrai plaisir.

Lisbeth, dont l'instruction est, comme tu le sais, des plus élémentaires, était inquiète de la façon dont on passerait la ligne ; elle me demanda si le navire n'aurait pas un choc violent et s'il n'y avait aucun danger.

— Je ne comprenais pas ce qu'elle voulait dire.

— Mais cette ligne n'est-elle pas très haute ? et alors pour passer dessus ?

Je m'efforçai de lui expliquer ce que l'on appelait la ligne : mais ce fut difficile.

— Alors, me dit-elle en réponse à mes laborieuses explications, pourquoi dit-on la ligne, puisqu'il n'y en a pas ?

— C'est une ligne imaginaire.

— Imaginaire ! répondit-elle évidemment encore peu éclairée sur la nature de cette ligne qu'on devait passer.

Le 30 mai.

Nous arrivons à Zanzibar. On mouille à quelque distance de la ville ; ce qui n'empêhe pas un grand nombre de passagers de prendre des canots pour se faire conduire à terre. Maurice est du nombre, bien entendu. Pour nous, nous restons tranquillement à bord. Nous n'avons pas, cette fois, autour du bateau d'enfants qui mendient en nageant. Les requins pullulent dans ces parages, et il serait très dangereux de s'y baigner.

Grâce à ton cher frère, je puis te donner quelques détails sur la ville de Zanzibar. Il en a parcouru les rues et les environs. Déjà, avec nos lorgnettes braquées sur la côte, nous avions admiré une végétation luxuriante qui avait fort réjoui nos yeux si longtemps privés de toute verdure. Maurice a vu là, pour la première fois, le palmier, le cocotier, le bananier, etc., et il en a été charmé.

Ce sont des Indiens et des Chinois qui font le commerce; ils ont des boutiques basses situées dans des rues étroites et tortueuses. Ton frère a acheté plusieurs cannes en peau d'hippopotame, elles sont originales, mais ne valent pas assurément les beaux joncs que l'on trouve chez nos marchands parisiens.

Les indigènes sont noirs, et il règne une grande animation dans la ville. Les étrangers y sont nombreux, de toutes les nuances et de tous les costumes, je dirai même, de tous les uniformes : Arabes, Hindous, Persans, Comoriens, Somalis, Malgaches; marins portugais et anglais, officiers français, anglais, allemands avec casques coloniaux...

Zanzibar appartient au Sultan. Devant son palais stationne un poste de soldats indigènes.

Encore quelques jours, et nous quitterons l'*Iraouaddy*. Il y a chez tous les passagers une sorte de détente qui se manifeste d'une façon différente. Les matelots chantent plus fort, les messieurs marchent plus vite en se promenant sur le pont, les dames causent ensemble avec plus d'animation.

La santé est excellente à bord, et sous ce rapport, notre traversée a été exceptionnellement favorisée; seule Mme de Montore est souffrante depuis lundi soir ; elle est délicate, et sa petite-fille s'inquiète pour elle des fatigues d'un si long voyage.

Un bateau est signalé. On espère pouvoir lui donner le courrier pour la France. Il te portera de nos nouvelles, ma chère Jeanne, les dernières avant l'arrivée au port. Quelle joie pour tous ce jour-là ! Les bonnes Sœurs vont plus loin, les Pères Dominicains et le Père Lazariste aussi ; mais un grand nombre de passagers descendent comme nous à Tamatave.

Mayotte, le 5 juin.

Tu vas être bien étonnée, ma chère Jeanne, de recevoir cette lettre datée de l'île Mayotte ; rassure-toi... Bien que nous soyons de pauvres naufragés, nous sommes en bonne santé.

Pendant toute la journée du 31 mai, un brouillard intense régnait autour de nous ; le 1er juin au matin, environ vers 4 h., un choc épouvantable me réveilla brusquement. Je crus d'abord à un affreux cauchemar. Presque aussitôt Maurice entre dans ma cabine.

— Ma tante ! prononce-t-il vivement.

— Qu'y a-t-il ?

— Une rencontre. Un bateau, pesamment chargé, vient de frapper le nôtre au flanc ; levez-vous vite.

Quelques minutes s'étaient à peine écoulées et déjà tous les passagers étaient sur le pont.

Le capitaine, très pâle, mais plein de sang-froid, donnait des ordres.

Le bâtiment qui nous avait touchés était déjà loin, et malgré tous les signaux de l'*Iraouaddy*, il s'éloignait toujours.

— Où sommes-nous ? demanda Maurice au capitaine.

— A la hauteur de Mayotte.

— Y arriverons-nous ?

— Dieu seul le sait.

Les religieux, très calmes, étaient au milieu de nous ; les bonnes Sœurs, silencieuses, égrenaient leur chapelet. On espérait encore. Mme de Montore, toujours souffrante, était assise sur le pont, sa petite-fille Antoinette, à genoux à côté d'elle, lui tenait la main et priait aussi. C'était un spectacle touchant.

Le capitaine promenait sa longue vue sur tous les points de l'horizon et il n'apercevait aucun bateau pouvant nous secourir. C'était en vain que depuis plus d'une demi-heure le canon d'alarme était tiré sans relâche et le pavillon en berne.

On n'était pas loin de l'île Mayotte, mais il fallait y arriver. Malgré les vigoureux efforts des marins, on ne parvenait pas à aveugler l'ouverture faite par le vaisseau qui nous avait abordés ; l'équipage, exténué, ne pouvait plus lutter contre l'envahissement progressif et rapide : nous enfoncions à vue d'œil.

Tout était calme autour de nous, la mer unie comme une glace, le ciel très pur, et nous allions peut-être mourir...

— Des barques, des barques !... criaient beaucoup de passagers.

— Sans doute le danger est grand, dit le capitaine ; mais nous avons encore une heure devant nous et je vous supplie d'avoir du calme. Votre salut en dépend.

Quelques instants s'écoulèrent dans une anxiété générale. Nos bons religieux étaient entourés. On réclamait le secours de leurs prières, de leur ministère.

Maurice, qui était resté près du capitaine, comprit à l'un de ses regards que tout était perdu pour l'*Iraouaddy*. A une interrogation muette, celui-ci répondit : « Il est temps d'agir et il commanda d'une voix forte : « Les barques à la mer ! » Il fit prendre à tous les ceintures de sauvetage. C'était un moment fort critique. Il y a toujours, en pareil cas, des scènes de véritable sauvagerie. Chacun veut sauver sa vie même aux dépens de celle des autres. Jacques, Marcelline et Lisbeth étaient à nos côtés. Une pensée profondément triste me traversa l'esprit. Ils allaient périr, et c'était pour nous avoir suivis. Je n'avais plus aucune illusion. J'ai lu tant de récits d'abordage ! Je savais que le danger que nous courrions était le plus terrible.

Le capitaine est un homme très ferme, très énergique. Il donna ses ordres. Il appela d'abord les femmes et les enfants, les personnes âgées, Mme de Montore, sa petite-fille et moi. Lorsque la barque fut remplie, dirigée par un marin, elle s'éloigna à quelque distance du bateau. Tu juges de mon inquiétude : Maurice n'était pas avec moi. Les yeux fixés sur l'*Iraouaddy*, je regardais avec anxiété les barques s'emplir, enfin je l'aperçus descendant dans la dernière avec les religieux

Plusieurs passagers, craignant de ne pas trouver place dans les barques, s'étaient jetés à la mer avec la pensée de monter dans l'une de celles qui étaient déjà lancées. Deux d'entre eux en s'accrochant aux bords de la nôtre faillirent la faire chavirer. C'est en ce moment que je vis la mort de plus près.

Il était temps de fuir le pont de notre pauvre navire, quelques minutes plus tard, il disparaissait sous les flots. Nous avancions lentement, les embarcations étaient très chargées, les rameurs semblaient déjà fatigués et nous étions encore bien éloignés de la côte. Enfin Dieu eut pitié de nous. Un coup de canon avait été entendu à l'île Mayotte, et des pirogues vinrent à notre secours au moment où nous commencions à perdre espoir. Une heure plus tard nous arrivions sur cette côte qui devait être pour nous si hospitalière.

Oh ! ma chère Jeanne, quelle reconnaissance envers Dieu lorsque nous nous sentîmes en sûreté, foulant au pied la terre ferme. Hélas ! nous n'étions pas au complet : les cinq passagers qui s'étaient jetés à la mer avaient été noyés. Deux marins manquaient aussi à l'appel.

Nous étions sauvés ; mais lorsque le danger eut cessé, les conséquences de ce naufrage nous apparurent. Nos caisses, nos provisions en tous genres, notre future demeure, tout était au fond de la mer. Nous n'avions même pas de quoi remplacer les vêtements mouillés qui nous couvraient. Heureusement Maurice avait sauvé son porte-feuille, et j'avais encore ma bourse qui contenait quelques pièces d'or.

La population de Mayotte, composée de Malgaches, de Comoriens, d'un petit nombre de Français et d'Anglais, se montra très compatissante pour nous. M. Dehamel, le résident, descendit sur le quai où nous avions abordé et nous offrit ses services. Nous devions faire pitié avec nos figures pâles et altérées et nos vêtement trempés. Il nous fit conduire à la résidence, située dans un petit îlot nommé Zaoudzi, à peu de distance du port. Mme Dehamel se montra pleine de sollicitude pour nous.

Après avoir réconforté les pauvres naufragés par quelques aliments substantiels, il fallut songer à les caser pour la nuit. Or, il n'y a pas dans l'île le plus petit hôtel. La cité européenne se réduit à la résidence et quelques maisonnettes qu'on ne peut appeler villas, mais qui sont cependant plus confortables que des chaumières. L'une d'elles se trouvait libre et elle fut désignée pour Mme de Montore, toujours souffrante, pour les religieuses et nous. Nous étions dix dans une petite construction qui pouvait à peine loger quatre à cinq personnes. Les autres passagers ont trouvé un gîte chez les habitants.

Le lendemain de notre arrivée, nous dûmes parer aux premières nécessités. Je me retrouvais maîtresse de maison, mais dans quelle circonstance et avec quelles difficultés ! Par un colon français, nous eûmes quelques indications bien nécessaires pour nous ravitailler. Les ressources culinaires sont fort limitées, Marcelline fait de son mieux et chacun se montre très satisfait. Je t'assure qu'en réalité nous ne sommes pas trop malheureux.

Il y a ici quelques dames françaises et anglaises qui sont fort aimables pour nous. Elles nous apportent des fleurs ravissantes et des fruits délicieux. Mme Dehamel nous est d'un grand secours. Ainsi nous n'avions plus de chapeaux, et grâce à elle, nous en sommes aujourd'hui pourvus. Les Pères et Maurice en ont d'immenses en paille qui les garantissent des ardeurs d'un soleil brûlant.

J'ai acheté une pièce d'étoffe de coton à cinquante centimes le mètre avec laquelle nous confectionnons un peu de linge. Lisbeth taille chemises et jupons et elle est enchantée d'exercer ainsi ses petits talents. Ce travail aura le grand avantage de nous occuper et de rendre moins long le temps que nous devons séjourner ici, car il nous faut attendre le passage d'un paquebot et cette attente peut durer quelques semaines. Les bonnes Sœurs de charité ont remis leurs cornettes en ordre. Les vagues nous avaient envoyé une pluie désastreuse pour elles, mais les dégâts ont été bientôt réparés.

Au point de vue religieux, nous sommes véritablement gâtés ; écoute plutôt : Il n'y a ici ni église, ni chapelle ; un prêtre de la Réunion vient de temps en temps visiter les habitants. Mais l'un des colons, qui est un catholique fervent, M. Billiard, a consacré une pièce de sa maison à l'exercice du culte et il possède tout ce qui est nécessaire à la célébration des saints mystères. Juge de la joie de nos religieux, de nos sœurs et de la nôtre, lorsque ce colon est venu proposer aux Dominicains de dire la sainte messe dans son oratoire. C'était hier dimanche, et pour ceux qui sont catholiques dans l'île, quelle consolation d'y assister ! Les bons Pères ont confessé et même baptisé plusieurs enfants, nés depuis le dernier passage du missionnaire de la Réunion.

Je voudrais, ma chère Jeanne, pouvoir t'envoyer quelques vues de Mayotte. Il y en a de ravissantes. Des maisonnettes entourées de cocotiers, de manguiers, de gigantesques aloès, mais les photographes n'ont pas encore ici d'installation. L'île est sillonnée de montagnes, et sa végétation tropicale en fait une oasis où un certain nombre de planteurs coulent une vie douce et agréable. On y cultive la canne à sucre et on y trouve du bois propre aux constructions maritimes. Des agglomérations de cases, encore très primitives, forment deux villages : le village comorien et le village malgache. Les femmes malgaches ont le plus grand soin de leur chevelure ; elles se coiffent mutuellement, et hier je voyais une jeune négresse, la tête sur les genoux de l'une de ses compagnes qui lui faisait des tresses menues et nombreuses avec une dextérité extraordinaire et, chose que tu croiras difficilement, la coiffure terminée, elle se mit une couche de poudre de riz sur sa figure bronzée. Si au moins ces femmes malgaches en savaient user avec la réserve et la sobriété de nos mondaines françaises ! mais pour elles, plus il y en a, plus cela leur paraît beau. Te figures-tu le déplorable effet de ce badigeonnage à outrance ?

Le point noir de l'île Mayotte, car il y en a un en toutes choses, ce sont les épouvantables cyclones qui viennent la dévaster périodiquement. Les habitants ont beau assujettir leur toit avec des haubans, la tempête arrive, et cette force terrifiante qui s'appelle l'ouragan, enlève tout ; mais nous ne sommes pas à l'époque des cyclones et nous dormons en paix.

Mayotte, le 7 juin.

Notre joie d'avoir échappé à un grand danger avait été assombri par l'état maladif de Mme de Montore. La grande émotion qu'elle avait ressentie au moment de l'abordage et la si pénible traversée qui suivit, devaient avoir un terrible retentissement pour sa santé déjà si compromise. Elle était alitée depuis notre arrivée à l'île Mayotte, mais nous espérions qu'après quelques jours de repos, sa situation s'améliorerait ; sa petite-fille elle-même partageait cet espoir, lorsque avant-hier elle eut un évanouissement qui nous effraya. Le Dr Delorme la trouva d'une faiblesse extrême et m'avertit que la situation était fort grave.

La pauvre malade ne se faisait aucune illusion, et à un moment où j'étais seule près de son lit, elle me dit toutes ses inquiétudes au sujet d'Antoinette.

— Je mourrais tranquille, si j'avais pu la remettre entre les mains de son père ; mais je le sens, mes instants sont comptés.

Je l'interrompis.

— Espérons que Dieu vous rendra la santé.

— Que sa volonté soit faite, répondit-elle ; mais si je meurs ici, je vous demande un grand service : me remplacer auprès de ma chère petite-fille et la conduire à son père.

Je le lui promis.

— Oh ! merci, dit-elle, pour ma chère enfant. Maintenant je n'ai plus qu'à me préparer à paraître devant Dieu.

Elle demanda à voir le Père de Marny, se confessa, reçut le saint Viatique et l'Extrême-Onction.

Pendant cette dernière journée, elle conserva toute sa connaissance et nous voulions espérer encore. Le sacrement des malades ne rend-il pas quelquefois la santé ? Hélas ! il ne devait pas en être ainsi pour elle, et vers le soir, sans agonie, elle s'endormit dans le Seigneur.

Le surlendemain, ses obsèques furent célébrées aussi solennellement qu'il était possible de le faire dans la situation où nous nous trouvons. Après l'office des morts, les naufragés l'accompagnèrent au cimetière de l'île. Le deuil était conduit par le Résident, le Père de Marny et Maurice.

Tu ne peux te figurer, ma chère Jeanne, combien ce deuil jeta de tristesse parmi nous. Tous compatirent à la douleur de la pauvre Antoinette. Les circonstances dans lesquelles sa grand' mère avait été enlevée augmentaient encore son immense chagrin.

Mayotte, le 12 juin.

Les jours s'écoulent bien lentement, cependant nous tâchons d'en abréger la durée en travaillant, je n'ajouterai pas en lisant, car nous n'avons plus hélas ! un seul livre. Si tu savais, ma chère Jeanne, avec quelle anxiété et aussi quelle persévérance les passagers promènent leurs regards sur tous les points de l'horizon, cherchant ce paquebot qui viendra mettre fin à notre séjour forcé à Mayotte, mais hélas ! jusqu'à présent il ne se montre pas : faudra-t-il attendre celui de France ?

Antoinette me disait ce matin que son père allait être bien inquiet. Il était prévenu de l'arrivée de sa mère et de sa fille et devait se trouver à Tamatave le 5 de ce mois pour les attendre. Notre retard lui aura fait croire à la perte de l'*Iraouaddy*. Impossible de correspondre avec lui. C'est aujourd'hui que j'apprécie les bienfaits de la poste et du télégraphe. Les seuls moyens de communications sont les navires qui passent et qui s'arrêtent devant Mayotte. Ce bâtiment anglais, italien ou espagnol que nous attendions avec tant d'impatience n'emportera pas seulement nos lettres, mais j'espère nos personnes. Oh ! qu'il sera le bienvenu !... Pour nous distraire, nous faisons quelques promenades et même quelques visites. Hier j'ai fait avec Maurice une *tournée ;* d'abord nous avons été voir Mme Tompson, une anglaise dont le mari est établi ici depuis cinq ans et qui s'est montrée fort aimable pour nous ; M. Billiard, un homme respectable, veuf depuis longtemps ; il a près de lui sa fille unique, âgée d'une trentaine d'années. Elle aussi apprécie le bonheur d'avoir en ce moment la messe chez elle chaque jour.

— Oh ! me disait-elle, quel vide ce sera dans l'île quand vous serez tous partis. Pourquoi, Madame, ajouta-t-elle, ne restez-vous pas avec nous ?

Et comme je lui expliquais que nous allions à Sainte-Marie :

— Je vous assure, affirma-t-elle, que vous seriez bien mieux à Mayotte. On pourrait ici créer une grande exploitation agricole.

Je ne suis pas de son avis. D'ailleurs M. Bienaimé nous attend à Sainte-Marie.

Enfin nous avons terminé par une visite de cérémonie aux Pères Dominicains, qui sont assez bien logés dans une dépendance de la propriété de M. Billiard : ils ne sont pas moins désireux que nous d'arriver à leur destination; mais très vertueux, ils prennent leur mal en patience et tâchent de faire ici le plus de bien qu'ils peuvent.

Je t'avoue que je craignais pour Maurice un peu de tristesse et de découragement en face des difficultés réelles que nous rencontrons dès le début, il n'en est rien, et hier je l'entendais consoler et encourager un jeune homme qui va à Madagascar tenter fortune et qui était tout prêt à renoncer à son projet. Sa plus grande privation en ce moment est l'absence de son appareil photographique. Il y aurait ici de charmantes vues à prendre, mais c'est là une privation qui pourra cesser, car dans quelques mois nous recevrons de France un envoi qui réparera un grand nombre de nos pertes.

Voici un bateau en vue. En levant les yeux de la fenêtre où je t'écris, je l'aperçois qui se dirige vers Mayotte. Il est sous pavillon espagnol. Il y a tout à espérer qu'il va nous prendre à son bord. Je te quitte pour aller faire nos préparatifs, ils ne seront pas longs, puisque nous n'avons plus de bagages. Au revoir, ma chère Jeanne, jusqu'à demain où j'espère continuer mon journal à bord du... Comment s'appelle-t-il ce bateau qui vient à nous ?

A bord du *Colombo*, le 13 juin.

Nous voici donc embarqués de nouveau et nous en bénissons Dieu. Nous arriverons enfin à notre but. Cinq jours de traversée seront bientôt passés, c'est ce que nous nous disons les uns aux autres pour nous aider à supporter le manque de confortable dont nous avons à souffrir actuellement. Le *Colombo* avait son nombre de passagers, et deux cents et quelques personnes en surplus ne sont pas faciles à caser. On couche dans le salon, dans la salle à manger, on s'arrange comme on peut. Nous sommes quatre dans une cabine qui devrait ne contenir que deux lits et qui nous a été laissée par deux voyageurs complaisants.

Il y a peu de dames parmi les passagers espagnols. Une famille qui se compose du père, de la mère et de deux enfants s'est montrée très bonne pour nous. M. et Mme Rivera et leur fille aînée parlent français. Cette dernière s'était trouvée sur le pont à côté d'Antoinette et, frappée de sa tristesse, elle lui avait adressé quelques mots. Antoinette lui dit alors son grand chagrin. Avec cette facilité propre à leur âge,les deux jeunes filles étaient arrivées à causer presque intimement. Mlle Rivera va aussi à Tananarive, où son père doit s'associer avec un de ses parents qui fait le commerce d'étoffes depuis plusieurs années. Par un heureux hasard,elles se retrouveront donc là-bas et cette liaison est peut-être le commencement d'une sérieuse amitié. Je suis pour ma part très satisfaite de cette rencontre.

Le 14 juin.

Nous avons passé devant Nossi-bé. C'est une île charmante, pleine de verdure et de fleurs, mais elle cache sous ces aspects si attrayants le microbe terrible de cette fièvre qui saisit le voyageur et le terrasse sans pitié. J'aurais voulu empêcher Maurice d'y descendre, cela a été impossible, car la plupart des passagers y ont été faire une promenade de quelques heures.

L'île ne compte que deux villages : Hell-ville, la capitale, et Ambanourou. Au Sud-Est d'Hell-ville, est un édifice qui domine tous les autres, c'est l'église *paroissiale*. Les Dominicains ont été charmés de trouver dans ce pays, encore à moitié sauvage, une église catholique bâtie en pierres et une école tenue par les sœurs de Saint-Joseph.

Le port est placé dans une baie immense qui pourrait contenir un grand nombre de navires, mais l'exiguïté du pays rend le commerce peu actif. Cette baie est continuellement sillonnée d'une multitude de pirogues qui vont à la Grande Terre ou qui en reviennent. C'est un coup d'œil ravissant. Maurice a vu de jolies et coquettes maisonnettes en bambous et une belle avenue de manguiers agrémentée d'un jet d'eau.

On s'est arrêté aussi quelques heures à Diego-Suarez. L'ancienne ville de Diego n'est plus aujourd'hui qu'un cantonnement militaire, et la cité vivante est de l'autre côté de la baie, à Antsirane, bâtie sur un vaste amphithéâtre. L'absence de végétation, un vent sec et chaud qui soulève une poussière rouge, doivent rendre le séjour de cette ville peu agréable.

Nous passons au cap d'Ambre, très redouté des navigateurs à cause de ses tempêtes, mais la mer se montre clémente pour nous.

Nous voici devant l'île Sainte-Marie. Ce n'est

VUE DE NOSSI-BÉ. (P. 63.)

pas sans une profonde émotion que j'aperçois cette terre où nous allons bientôt nous fixer. Sans doute, c'est encore la Patrie, puisqu'elle appartient à la France, mais elle est si loin d'elle !... On ne débarque pas ici, il n'y a aucun moyen de transport pour les bagages, et il faut d'ailleurs que nous allions nous approvisionner à Tamatave. Maurice n'a pu résister cependant au désir, bien naturel, d'aller faire un tour dans l'île, et Jacques a voulu l'accompagner. Ce dernier est revenu dans un état d'enthousiasme difficile à décrire.

— Mais, Mademoiselle, c'est le paradis terrestre ; il y a là des arbres comme je n'en ai jamais vus, et des fleurs, et des fruits !... Nous serons heureux au milieu de si belles choses.

Ton frère était beaucoup plus calme. Il avait rencontré quelques indigènes qui lui avaient paru d'assez braves gens, autant que l'on peut en juger à première vue. Enfin nous sommes presque au terme de notre navigation, car, à moins d'accidents, nous ne nous arrêterons plus qu'à Tamatave.

Tamatave, le 19 juin.

Je crois que dans la vie, il y a, même aux événements heureux, un côté triste. Lorsque notre bâtiment fut arrivé en face de Tamatave et que l'on mit les chaloupes à la mer pour ceux qui devaient y débarquer, j'eus un grand serrement de cœur. Jusque-là nous avions voyagé avec des compatriotes, et ce mois de vie commune, ces dangers partagés, nous avaient, ce me semble, attachés les uns aux autres. Il avait fallu nous séparer des religieux dont la présence nous avait été si précieuse, des sœurs de charité qui avaient été si bonnes pour moi, car tous allaient jusqu'à l'île de la Réunion. Les adieux furent pénibles, je t'assure. Je réclamai d'eux des prières, beaucoup de prières, afin que Dieu bénît notre entreprise et qu'il la fît tourner à sa gloire. Ils continuent leur route, et nous voilà à Tamatave.

Nous sommes installés non pas dans un hôtel, ni même dans une maison, mais dans une case, une véritable case, qui est divisée en différentes parties et dans laquelle nous avons pu nous loger tous.

Je puis te dire que j'ai ma chambre, bien que je la partage avec Antoinette, mais il me serait impossible d'ajouter que nous avons des lits. Quelques nattes posées les unes sur les autres, telle est notre couche : c'est très primitif ; pourquoi ne nous y habituerions-nous pas, comme tant d'autres l'ont fait ? Du reste notre installation est temporaire, car bien que nous ayons loué notre case pour un mois au prix de quarante francs, nous espérons prendre le chemin de Sainte-Marie dans douze ou quinze jours. Ce qui nous retient ici, c'est la nécessité où nous sommes d'attendre que M. de Montore vienne prendre sa fille et aussi celle de nous approvisionner de tous les objets dont nous aurons besoin en arrivant à destination.

Le 21 juin.

Nous avons assisté ce matin au départ de la famille Rivera pour Tananarive. C'était vraiment un spectacle curieux. Figure-toi qu'il n'y a ici aucun moyen de locomotion : ni chevaux, ni voitures, ni mulets ; des indigènes, appelés bourjanes, portent, à quatre, deux brancards au milieu desquels est attaché un petit siège en toile qu'on nomme filanzane. M. et Mme Rivera et leurs deux enfants étaient donc portés chacun par quatre hommes, quatre autres suivaient chaque filanzane pour remplacer les bourjanes dès qu'ils seraient fatigués. Il paraît qu'ils se relaient très souvent par un mouvement fort adroit et sans interrompre leur course. Puis vingt-cinq porteurs pour les bagages, qui avaient été divisés en charges à peu près égales. Un joli ruban de queue, étant donné que l'on marche à la file, sauf les porteurs de filanzane qui vont par deux, étroitement serrés l'un contre l'autre. La route, dit-on, est très pénible : des montagnes escarpées à gravir, des lacs, des rivières à traverser, des fondrières, des landes sablonneuses à parcourir par des sentiers à peine tracés.

M. Rivera s'est chargé d'une lettre de Maurice pour M. de Montore, lui annonçant la mort de sa mère et le priant de venir chercher sa fille à Tamatave. Nous aurions pu la confier à Mme Rivera, mais j'avais formellement promis à Mme de Montore de la remettre entre les mains de son père.

L'aspect général de Tamatave n'a rien de pittoresque. C'est une vaste plage, le long de laquelle s'élèvent, parmi des végations variées, des maisons très primitives, sans fondation.

Une longue rue ensablée, à laquelle on a donné le nom d'Avenue No 1, part de la plage et se prolonge jusque dans la campagne. Derrière ce premier rang de maisons, il s'en trouve un second, un troisième. Au point de vue commercial, Tamatave est une grande cité, c'est le port européen de Madagascar, cependant elle ne laisse pas l'impression d'une ville : c'est un groupement de cases improvisées à l'aventure et dispersées çà et là au milieu de jardins coquets, qui rappellent un peu les villas de nos plages de France.

L'une des difficultés de notre situation, difficulté qui était bien à prévoir, c'est que, ne comprenant pas un mot de malgache, nous ne pouvions nous faire entendre ; un jeune homme du pays, qui parle un peu le français, nous a proposé de nous servir d'interprète, moyennant finance, bien entendu. Il est catholique, et par conséquent très doux. Il nous a accompagnés dans les courses que nous avions à faire.

On vend beaucoup de choses à Tamatave, et c'est fort heureux pour nous. Avec Marcelline et Lisbeth, nous avons acheté des ustensiles de cuisine, des marmites, un grilloir pour le café, des casseroles de toutes les tailles et un grand nombre d'autres objets dont nous avons absolument besoin, d'abord ici, et qui nous seront indispensables surtout à Sainte-Marie, où on ne trouve presque rien. J'ai pu faire aussi, dans un bazar tenu par des marchands chinois, des emplettes de mercerie, d'épicerie, de quincaillerie, de papeterie, car tout nous manque.

A des Indiens, j'ai acheté des étoffes de coton et une étoffe indigène qu'on appelle rabanne, et qui paraît assez solide.

Le marché malgache, situé près de l'Avenue N° 1. n'a rien de commun avec les Halles centrales de Paris. La propreté n'est pas la vertu des habitants du pays, et la rue du marché, particulièrement, ne brille pas à ce point de vue ; mais, comme je n'ai pas de robe de soie à préserver, je fais mes achats sans inquiétude pour ma toilette: Pommes de terre, carottes, un petit chou qui est fort cher (90 c.), des bananes, un ananas, fruits très communs ici, du riz, dont les indigènes se nourrissent presque exclusivement, et des œufs. A chaque boutique, il y a une petite balance, et, en arrivant au marché, je me demandais ce que l'on pouvait peser comme légume dans ce minuscule instrument. Je fus bien vite renseignée. A Tamatave, il n'y a pas de monnaie, c'est une pièce de cinq francs coupée en un nombre considérable de morceaux qui sert au paiement des objets achetés ; cela paraît fort singulier au premier abord, mais c'est une habitude à prendre.

J'ai appris avec bonheur par notre interprète qu'il y a à Tamatave une église desservie par des Pères Jésuites. Nous nous sommes hâtés, Maurice et moi, de nous y faire conduire. Oh ! ma chère Jeanne, quelle consolation de retrouver ainsi partout la maison du Seigneur !

En sortant de l'église, nous sommes entrés chez les Pères Jésuites et nous avons demandé le supérieur, c'est un français, un breton ; il nous a donné des détails fort curieux sur Madagascar et sur Sainte-Marie. Avec lui, nous avons été voir le tombeau du Père Pagès. L'étonnement que l'on éprouve, en face d'un si beau mausolée consacré à un humble religieux, cesse lorsque l'on apprend que c'est à la vénération qu'avait pour lui l'une des plus riches familles de Tamatave qu'est dû ce magnifique tombeau. Convertie du paganisme à la vraie foi par le révérend Père, Mme Orieux lui témoigna sa reconnaissance en recevant sa dépouille mortelle dans son caveau de famille.

Je te disais, il y a quelques jours, ma chère Jeanne, que notre coucher était des plus élémentaires, et je puis t'avouer maintenant que je trouvais ces nattes superposées fort dures. Quel n'a pas été mon étonnement, lorsque, hier après-midi, en rentrant d'une course, j'ai trouvé dans ma case, posé sur les nattes, un bon matelas bien épais avec un traversin et un oreiller. Étonnée, charmée, j'appelai Lisbeth qui devait bien être pour quelque chose dans cette surprise.

— Comment vous êtes-vous procuré ce matelas ?

— Mais je l'ai fait, Mademoiselle. Hélas ! il ne sera pas bien doux, ce n'est pas un lit de plumes. Si encore j'avais trouvé de la fougère ! mais c'est tout simplement du raphia.

Je connaissais le raphia pour avoir vu le jardinier rattacher les vignes avec les brins de cette plante, mais la pensée ne me serait pas venue de l'employer à faire un matelas.

— Il ne coûte presque rien ici, continua Lisbeth, quand nous partirons, nous le laisserons et nous emporterons seulement nos toiles.

Je n'avais pas été la seule favorisée ; car Antoinette avait aussi son matelas, et ce soir Maurice aura le sien. J'ai engagé nos serviteurs à s'en fabriquer pour eux-mêmes.

Cette attention de ma bonne Lisbeth m'a vivement touchée.

Le 22 juin.

C'est aujourd'hui dimanche ; nous avons tous été aux offices dans la belle petite église de Tamatave. Ils sont aussi bien suivis qu'en France, mieux certainement que dans un grand nombre de nos villages.

Les femmes malgaches portaient des chapeaux de paille ornés de rubans de couleurs très voyantes et elles étaient comme enveloppées dans des châles d'étoffe imprimée de dessins aux couleurs non moins éclatantes. Leurs cheveux crépus sont très longs, elles les tressent d'une façon originale, en forment des masses de petites boules dont l'ensemble compose une coiffure des plus singulières. Les hommes sont en pantalon et en veston de toile et nu-pieds, ils ont tous des chapeaux de paille.

Le bâtiment qui retourne en France doit passer demain. Je me réjouis à la pensée qu'aucun courrier ne t'aura manqué malgré les péripéties de la fin de notre voyage. Avec ma lettre, il emporte une interminable liste d'objets dont je prie mon notaire de me faire faire l'envoi. Nous ne pourrons les recevoir au plus tôt que dans deux mois.

Le 24 juin.

Nous nous désolions, Maurice et moi, à la pensée que nous allions perdre douze ou quinze jours à Tamatave en attendant M. de Montore, et voilà qu'il arrive ce matin. Il était très inquiet et venait voir si l'on avait des nouvelles de l'*Iraouaddy*. Il a rencontré en route M. de Rivera qui lui a remis la lettre de Maurice. Il

TAMATAVE. (P. 66.)

aimait beaucoup sa mère et il était encore sous l'impression de sa grande douleur, se reprochant de lui avoir demandé de lui amener sa fille. « La fatigue du voyage était trop forte pour elle, nous disait-il, j'aurais dû le prévoir. »

La présence d'Antoinette sera une consolation pour son père, car elle est charmante. M. de Montore a promis de venir nous voir à Sainte-Marie avec elle et nous a beaucoup félicités de nos projets. Il est convaincu que nous ne regretterons pas d'avoir choisi cette île de préférence à tout autre endroit. Il connaît M. Bienaimé; il assurait à Maurice qu'il trouverait en lui un guide expérimenté pour l'exploitation qu'il allait entreprendre et qu'il aurait avec lui des relations très sûres et très agréables.

M. de Montore ne peut en ce moment rester longtemps éloigné de Tananarive. Il nous a donc quittés ce matin. Je m'étais déjà attachée à Antoinette ; de son côté, elle m'avait manifesté une véritable affection, en sorte que son départ a été triste pour moi. Lorsque je l'ai vue s'éloigner dans son filanzane, je me suis demandé si je la reverrais jamais ; car bien des obstacles peuvent empêcher son père d'exécuter sa promesse.

Le 25 juin.

Rien ne nous retient plus à Tamatave. Pendant que je t'écris, Maurice s'occupe d'organiser notre départ qui doit s'effectuer en pirogues. Il y a deux heures de traversée entre la Grande-Terre (c'est ainsi que les indigènes appellent Madagascar), et l'île Sainte-Marie ou Nosy-

Ibrahim, île d'Abraham ; mais je préfère la première appellation. Elle me donne confiance pour notre séjour sur cette terre, qui semble être ainsi placée sous la protection de notre Mère du ciel. Nous n'avons plus, hélas ! la jolie statue qui avait été bénite à la Visitation et qui était destinée à notre nouvelle demeure, mais la Sainte Vierge sait combien nous avons confiance en elle.

Demain matin, nous irons tous entendre la sainte messe avant le départ.

A l'île Sainte-Marie, le 28 juin.

Enfin, ma chère Jeanne, c'est de Sainte-Marie que je date aujourd'hui mon journal.

La traversée s'est faite sans encombre. J'avais pu donner avis de notre arrivée à M. Bienaimé par un marin qui retournait à l'île et il nous attendait à Ambotifothre. Cela a été un grand soulagement pour moi de le retrouver ici. Le Résident M. Lefort, prévenu par lui, était venu aussi au-devant de nous. Le gouvernement français, désirant beaucoup la colonisation de l'île Sainte-Marie, ses représentants aident de tout leur pouvoir les Français qui viennent s'y établir.

Ambotifothre est le lieu de la Résidence, c'est là qu'est bâtie la seule église de Sainte-Marie, là qu'habitent le curé, le médecin, les Sœurs. C'est l'unique poste où il y ait quelques ressources ; on y trouve certaines provisions, même des conserves faites en France.

M. Bienaimé, à qui j'avais écrit avant de quitter la France, nous a acheté une concession dans le nord de l'île, voisine de la sienne ; et avec une bonté dont nous lui sommes bien reconnaissants, il nous a fait élever deux cases provisoires où nous avons pu nous installer dès le soir même de notre arrivée.

A Sainte-Marie, pas plus qu'à Madagascar, il n'y a ni cheval, ni mulet ; les transports, d'une partie de l'île à l'autre, se font en pirogues. A la Résidence, il y avait quelques filanzanes et, comme la concession est à plusieurs heures de marche d'Ambotifothre, j'ai accepté avec reconnaissance ce mode de locomotion. Nous formions tout un petit cortège. Nos légers bagages nous suivaient portés par des indigènes.

M. Bienaimé avait pensé à tout. Nous avions des provisions pour quelques jours ; mais il a voulu que ce fût chez lui que nous prissions notre premier repas. Nous étions en face d'une mer splendide.

Il nous a donné sur l'île des détails qui nous ont beaucoup intéressés ; je te les transmets bien vite, convaincue qu'ils te feront plaisir.

Sainte-Marie appartient à la France depuis le 30 juillet 1740, où Béty, fille et héritière de Batsimilao, souveraine de la Côte Est, la céda à la France. Elle a été rattachée à la Réunion en 1825, à Mayotte en 1843, à Bourbon en 1876. Elle est séparée de Madagascar par trente kilomètres au Nord et sept au Sud. Elle a environ douze lieues de long sur trois de large ; sa superficie est de quatre-vingt-dix mille hectares et sa population de près de huit mille âmes. Cette population se compose d'éléments très divers : des Betsins-saraka venus de la côte Est de Madagascar, des Mozambiques de la côte d'Afrique, des Cafres et des Makonas ; des commerçants indiens, des créoles de la Réunion et plusieurs français s'y sont établis depuis quelques années.

Nous avons été voir ce matin notre concession ; elle est considérable et à une bonne exposition. Le terrain a besoin d'être travaillé, mais, grâce à M. Bienaimé, nous trouverons facilement des ouvriers, et Maurice est fort pressé de se mettre à l'œuvre.

En traversant un village, nous nous sommes arrêtés pour visiter la case, je dirai presque la maison de M. et de Mme Denis Martin, Cafres d'origine, qui sont venus s'établir ici il y a un certain temps déjà et qui, par leur intelligence et leur courage, sont parvenus à gagner quelque argent. Je ne dirai pas que leur installation m'a fait envie ; mais elle m'a prouvé que nous pourrions faire quelque chose de convenable. Ils ont des fenêtres d'assez grande dimension et une alcôve avec des rideaux !... Tu pourras en juger, car je t'envoie une photographie représentant le mari et la femme agréablement posés devant la susdite alcôve. Et remarque la belle robe à volants de la dame, la belle chaîne de montre du mari, le col et les manchettes blanches et surtout les souliers, objet de grand luxe à Sainte-Marie. Sur une tablette, on aperçoit la bouteille de rhum, ce spiritueux très apprécié des colons.

Le 30 juin.

Hier, Maurice est allé avec M. Léon jusqu'à Ambotifothre pour y attendre la malle. J'ai entendu le coup de canon qui l'annonçait et, par avance, j'ai joui du bonheur que j'éprouverais en recevant une lettre de toi, ma chère Jeanne. Ce n'est que le soir que ton frère est revenu, et alors nous avons lu ensemble ta chère missive. Tu vas bien, tu pries pour nous. Oh! que souvent je suis par la pensée dans ce petit parloir de la Visitation où j'ai passé de si doux instants avec toi... Lorsque tu traçais les lignes que j'ai sous les yeux, tu ignorais encore toutes les péripéties de notre voyage. Bientôt tu les sauras et, avec nous, tu remercieras Dieu de nous avoir sauvés au milieu des dangers que nous avons traversés. J'ai reçu aussi par ce même courrier une bonne lettre de Mme de la Roche, qui nous donne des nouvelles de tout notre monde de Paris, des morts, des mariages, des naissances. Elle me dit qu'elle t'a vue et que vous avez causé longuement des voyageurs. Cela m'a été une douceur au cœur; une lettre aussi de Marie. Pauvre petite! elle est bien triste de mon départ, mais j'ai la confiance que Dieu la soutiendra. Louise est raisonnable, m'assure-t-elle; espérons que, grâce au bon exemple de sa sœur, elle restera fidèle aux promesses qu'elle m'a faites il y a deux mois.

Le 2 juillet.

C'est grande fête pour toi aujourd'hui, ma chère Jeanne : la Visitation de la sainte Vierge! Je ne manquais jamais, chaque année, de la célébrer avec toi ; les grilles qui nous séparaient n'empêchaient pas nos cœurs de s'unir pour honorer Marie allant visiter sa cousine Élisabeth. Hélas! ce ne sont plus seulement des grilles qui sont entre nous, mais près de trois mille lieues ; cette grande distance ne saurait cependant me priver d'être en esprit dans votre chère chapelle. J'aurais bien voulu pouvoir assister à la messe ce matin, mais il fallait plusieurs porteurs pour mon filanzane, et j'ai déjà bien de la peine à en trouver pour le dimanche.

Comme je te l'ai écrit, il y a quelques jours, nous sommes campés dans de véritables cases, beaucoup trop petites pour nous. Maurice et moi nous en occupons une divisée en deux compartiments ; dans l'autre, sont nos domestiques. Mais on peut faire construire ici une habitation moins élémentaire et un peu plus confortable. On trouve dans l'île des charpentiers, des menuisiers, et le bois ne manque pas. Nous avons exposé nos idées à M. Léon, et il nous a tracé un plan dont la réalisation, assure-t-il, ne sera ni longue ni trop coûteuse. Il surveillera les travaux. Il est très aimé des Sainte-Mariens, qui ont reconnu sa supériorité en toutes choses et lui obéissent volontiers. Notre nouvelle demeure sera près de la sienne. Il est notre vraie providence dans notre exil, et nous n'aurions pas voulu nous éloigner de lui. Dans quelques jours, on se mettra à l'ouvrage.

Il ne faut pas que tu croies qu'en ce moment nous soyons complètement dépourvus des objets de première nécessité. Nous avons une table, des sièges et même un lit de camp, tout cela fait avec des bambous. Pour notre coucher, Lisbeth a retrouvé du raphia. Quant aux ustensiles de cuisine, ils sont très insuffisants, et la faïence fait bien un peu défaut, mais grâce aux calebasses, qui sont simplement des noix de coco ouvertes en deux, aux feuilles de ravenale que les indigènes tournent avec assez d'adresse pour en faire des tasses et des cuillers, nous ne sommes pas encore trop malheureux.

Les feuilles de ravenale sont utilisées par les Malgaches de bien des manières. Ils en font des plats, des assiettes. C'est sur l'une d'elles, étendue au milieu de la case, qu'est placé le riz cuit qui constitue leur repas, c'est avec elles qu'ils couvrent leurs maisons.

J'avais lu, dans des récits de voyages, l'éloge de cet arbre merveilleux qui a si bien mérité le nom d'arbre du voyageur. Je vois aujourd'hui qu'il est véritablement précieux. Ses larges feuilles fournissent, quand on les perce à la base, une eau bonne à boire, et sa semence produit une farine très nourrissante, enfin avec la pellicule bleue qui enveloppe la semence, on fait de l'huile. Il a un fort bel aspect ; il s'élève droit comme le palmier.

Le 7 juillet.

Hier, je me promenais devant nos cases lorsque je vis venir à moi une femme malgache qui portait sur sa tête une corbeille remplie de poissons. Elle m'en offrit. Je lui en achetai plusieurs très beaux, très frais ; et lorsque je lui demandai combien :

— Trente centimes, me répondit-elle.

Ici on paie en monnaie française. Je n'avais qu'une pièce de cinquante centimes ; je la lui donnai ; elle me fit comprendre qu'elle n'avait pas d'autre argent pour rendre le surplus, et elle s'en alla.

Je trouvais que, même pour cinquante centimes, je n'avais pas fait un mauvais marché. Quel ne fut pas mon étonnement lorsque, le jour suivant, elle me rapporta vingt centimes.

M. ET Mme DENIS MARTIN. (P. 77.)

J'en fus touchée, et elle sera désormais notre marchande de poissons.

Je racontai ce trait à M. Bienaimé, qui n'en fut pas surpris.

— Les habitants de Sainte-Marie sont très honnêtes, me dit-il ; ils ne volent jamais, et leurs cases restent toujours ouvertes. Mais, ajouta-t-il, ils ont un grand défaut ; ils sont indolents et paresseux. Leurs besoins sont très restreints, ils plantent chaque année du riz et du manioc juste assez pour leur consommation, et autour de leur case, des cannes à sucre pour faire la betsa-betsa, boisson dont ils ne peuvent se passer ; puis, ils se reposent.

M. Léon a voulu nous faire goûter de cette liqueur. C'est une horreur. Elle est composée du jus de la canne à sucre fermenté dans lequel on a fait infuser du quassia amara, dont tu connais l'amertume pour en avoir pris quelquefois dans ton enfance. C'est avec la betsa-betsa que les hommes s'enivrent ; quant aux femmes, elles en goûtent à peine et font alors d'affreuses grimaces.

Le 12 juillet.

Nous avons rencontré ce matin sur la plage une jeune femme et sa sœur. La jeune femme portait son enfant. Nous nous sommes arrêtés un instant avec elles. Leur coiffure ressemble à celle des femmes de Mayotte et de Tamatave ; elles séparent leurs cheveux en plusieurs toufles, chaque touffe est tressée et disposée de manière à former une petite boule. Leur vêtement est ample, et elles le drapent d'une façon plus ou moins originale. Maurice avait justement l'appareil photographique de M. Bienaimé, ce qui lui a permis de prendre ce groupe. Tu verras alors par toi-même que les toilettes ne sont pas très compliquées. Cependant, le dimanche, pour assister aux offices, les dames indigènes se font belles à leur manière.

Un objet de luxe que les plus aisées ne manquent jamais de se procurer, c'est une ombrelle ; dimanche dernier n'en ai-je pas vu plusieurs s'ouvrir dans l'église pendant la messe, quoique le soleil n'y soit nullement à redouter ? M. le curé, en faisant le prône, a dû expliquer à ses paroissiennes qu'il n'était pas convenable de se servir d'ombrelle pendant les offices.

La question toilette ne nous entraînera pas dans de grands frais à l'île Sainte-Marie. Nous avons dû avoir un habillement en rapport avec le climat. Les messieurs portent tous, pour affronter le soleil, le casque colonial ou le grand chapeau de paille ; leur costume est en toile blanche ; ils ont un veston en drap ou en cheviotte pour les soirées qui sont relativement fraîches ou bien une pèlerine en molleton avec capuchon. Les chaussures sont légères à cause de la chaleur. On me dit que pour les jours de pluie, ce qu'il y a de préférable, ce sont les souliers en toile, claqués de caoutchouc, ce que nous appelons en France les souliers de bains de mer.

Notre costume à nous se rapproche de celui de ces messieurs : robe d'étoffe de coton ou de toile, indienne, satinette, etc., grand chapeau de paille, contrairement aux femmes malgaches qui en portent rarement.

Le 20 juillet.

Décidément, nos Malgaches sont encore un peu sauvages et je viens d'en avoir une nouvelle preuve. Un vieillard est mort ces jours derniers dans une case qui n'est pas très éloignée de la nôtre. Le matin, j'ai entendu des cris, des chants inusités et j'ai appris que quand un indigène est arrivé à ses derniers instants, tous ses parents, tous ses amis l'entourent et poussent des cris sauvages jusqu'au moment où il exhale son dernier souffle. Les femmes et les enfants vont annoncer la nouvelle de sa mort dans les villages environnants. Dans la case en deuil, les chants se succèdent, même pendant toute la nuit, pour effrayer, disent-ils, les mauvais esprits. On enveloppe le mort de ses plus beaux vêtements, et les amis déposent dans la case où il se trouve des calebasses pleines de betsa-betsa, afin que son âme puisse se désaltérer; et ils sont nombreux ces amis qui viennent rendre un dernier hommage au défunt. La betsa-betsa circule dans les groupes presque sans interruption, et de longs bambous funéraires résonnent sous les coups des musiciens chanteurs. Dans la forêt, des bûcherons creusent un tronc d'arbre, dernière demeure du Malgache mort, et au jour levant, la bière équarrie à coups de hansi, est apportée devant la case. Les anciens du village récitent une dernière prière aux ancêtres pour l'âme du mort; elle est suivie de libations de betsa-betsa. Le cadavre est déposé dans le cercueil, puis recouvert d'un grand lamba. On le porte dans une pirogue près du rivage, et les plus proches parents du défunt prennent place dans l'embarcation. On part avant le lever du soleil. Des jeunes gens, munis de longues perches, poussent la barque vers le cimetière. Le long de la grève les invités marchent parallèlement à la pirogue ;

ils vont en groupe, sans cris, sans larmes en portant la betsa-betsa de la mort. La pirogue s'arrête devant un poteau, surmonté de deux cornes de bœuf, planté sur la berge. Les invités forment un cercle et, en silence, on débarque le cercueil; des jeunes gens le portent au cimetière, où une fosse s'ouvre béante, ils le descendent dans cette fosse; les vieillards prient une dernière fois, et tous viennent jeter une poignée de terre sur la funèbre dépouille. Les fossoyeurs comblent la fosse et couchent au-dessus un tronc d'arbre taillé en prisme. Les invités, réunis à l'entrée du cimetière, chantent des chants funèbres et boivent la betsa-betsa. Avant de se séparer, un vieillard vient déposer sur la tombe une calebasse. On accroche au tronc d'arbre un morceau de rabanne, puis la pirogue reprend la mer et tous reviennent au village célébrer leur douleur dans de nouvelles libations.

Le 22 juillet.

Maurice est à l'ouvrage. On commence à enlever l'herbe dans notre concession. Les Malgaches se contentent de la brûler avant de semer le riz, mais pour les autres plantations, cela ne suffit pas. Il y a deux sortes de travailleurs ici : les *engagés* qui sont fournis par le gouvernement. Ce sont, en général, d'anciens esclaves. Par là même qu'ils sont engagés, ils se croient encore des esclaves, et cherchent constamment à se soustraire au travail qui leur est commandé, pour retourner à la Grande-Terre, quoiqu'ils soient bien payés et bien traités. On prend plus volontiers des indigènes auxquels on donne un franc par jour, plus 250 gr. de riz qui se vend 26 centimes le demi-kilo. Quelquefois, au bout de huit jours, de quinze jours les engagés reviennent demander à être occupés, mais il est impossible de compter sur eux d'une manière suivie. Leur travail actuel consiste à défricher et à faire des trous pour les plantations.

Les enfants indigènes ne font rien jusqu'à l'âge de 14 à 15 ans. Ils se livrent alors à la pêche, et on les voit aller à la mer dans de petites pirogues. A 18 ou 20 ans, ils s'engagent comme marins à bord d'un navire quelconque. Après quelque temps ils reviennent à Sainte-Marie avec l'argent qu'ils ont gagné. On les rencontre, un accordéon à la main, jouant avec frénésie, car il faut te dire que cet instrument est en grande faveur à l'île. Mais comme ils sont très peu musiciens, et que l'accordéon est par lui-même assez ingrat, ils en tirent des sons qui sont loin d'être harmonieux. Ils achètent aussi un kitamby (chapeau de paille) qui porte le nom du bateau sur lequel ils se sont engagés, ils le posent sur l'oreille et vont boire la betsa-betsa à un sikafar ou à un cabar (réunion). Après avoir passé ainsi quelques mois et dépensé leur argent, ils renouvellent leur engagement maritime pour recommencer la même vie.

La construction de nos cases se poursuit; ce ne sera pas un long travail. La charpente est légère, et la couverture se composera de feuilles de ravenale. Maurice me disait tout à l'heure qu'il n'avait pas le temps de s'ennuyer. J'en suis bien heureuse.

Le 24 juillet.

Jusqu'ici nous n'avons pas trop souffert au point de vue de l'alimentation. On élève dans l'île beaucoup de volailles, pour les vendre aux bateaux qui viennent stationner à Ambodifothre. Nous avons des poulets et des canards autant que nous en désirons, et ils sont à très bon compte : 50 centimes la pièce. Marcelline s'ingénie à les préparer de diverses manières, cependant il paraît qu'on s'en lasse très vite. Il y a bien des bœufs dans l'île, mais on n'en tue que pour les fêtes, pour les sikafars, et il n'en est vendu aucune partie. Quelquefois on en offre un morceau en cadeau pour reconnaître un service rendu, c'est ainsi que M. Léon en a de temps en temps. On est obligé de recourir aux conserves de viande si l'on veut un peu de variété, et tu sais que les nôtres sont au fond de la mer. Il faut donc, jusqu'à l'arrivée du paquebot qui nous en apportera de nouvelles, nous contenter de poisson, de riz, d'œufs et de volailles. Ce qu'il y a de plus cher ici, ce sont les légumes, mais heureusement on peut s'en procurer, et j'espère même que nous en ferons pousser et que nous aurons quelque jour un petit jardin potager où nous cultiverons pois, carottes, choux, haricots, pommes de terre et navets.

Il y a quelques vaches au village d'Ambatouro près duquel nous sommes, et nous avons du lait tous les matins, ce qui est une grande ressource pour ton frère et pour moi.

Le 4 août.

Tout à l'heure, en regardant travailler les ouvriers qui construisent notre case, j'admirais comment le bambou était habilement employé. On le rencontre partout ici, et il rend de nombreux services.

Le bambou est une grande graminée arborescente. Sa tige est de couleur verte ; elle forme des nœuds nombreux d'où s'échappent quelquefois des épis, toujours des rameaux garnis de feuilles dont le dessus est vert foncé et le dessous blanc verdâtre. Les fleurs, réunies en très grand nombre en forme d'épis, sont d'un blanc jaunâtre. Sa hauteur atteint jusqu'à quinze mètres, et son diamètre, à la base, a cinquante à soixante-cinq centimètres. On s'en sert non seulement pour la construction des maisons, mais aussi pour la fabrication du mobilier, fort rudimentaire, il est vrai, dont on est bien heureux cependant : lits de camp, tables, tabourets, sièges, etc. Les tiges sont de toutes dimensions ; avec les grosses, en les sciant d'une certaine façon, on obtient un seau, un baquet ; avec celles qui sont plus longues et plus fines, on fait des nattes, des stores ; en les divisant en deux, on forme des lamelles avec lesquelles on confectionne des bannes carrées plus ou moins grandes dans lesquelles on conserve le riz et les autres produits du pays.

Le bambou a encore quelques utilités culinaires : les jeunes pousses bouillies, accommodées comme des asperges, sont excellentes ; les jeunes tiges, écrasées et fermentées, donnent une boisson pétillante que l'on appelle le vin de bambou ; elle est sucrée, fort agréable et rafraîchissante ; mais à Sainte-Marie on lui préfère la betsa-betsa.

Le 6 août.

Lorsque nous arrivons dans un pays tant soit

L'ARBRE DES VOYAGEURS. (P. 80.)

peu sauvage, les indigènes cherchent toujours à nous imiter et le désir qu'ils en ont les rend ingénieux à en trouver les moyens. Maurice me racontait que quelques hommes de Sainte-Marie avaient éprouvé le besoin de se raser la figure comme le font les Européens. Sans rasoir, cela n'était pas possible ; un couteau, quelque bien aiguisé qu'il fût, en aurait difficilement rempli l'office ; alors ils ont imaginé de prendre des morceaux de verre et de s'en servir en guise de rasoir, ce qui réussit très bien, car ton frère me fit remarquer l'un de ses engagés qui était rasé de frais dimanche dernier.

Le 10 août.

Je viens de recevoir une longue lettre d'Antoinette. Elle s'est d'abord trouvée un peu dépaysée sur une terre étrangère et aux mœurs si différentes des nôtres. Pauvre jeune fille, elle ne peut se consoler de la mort de Mme de Montore. « Oh ! si ma grand' mère était avec nous, m'écrit-elle, comme la vie serait différente ! » Son père est fort occupé, et le plus souvent elle reste seule avec deux femmes attachées à son service, qui savent un peu le français heureusement. Elle fait œuvre de zèle en cherchant à les instruire de notre religion. Elle a le plus vif désir de venir nous voir à Sainte-Marie ; son père lui a promis de l'y conduire dès qu'il aurait quelques jours de liberté ; mais il est fonctionnaire et ne s'appartient pas. S'il n'y avait que la traversée de Madagascar à Sainte-Marie, ce serait facile, car elle n'est que de quelques heures, tandis que le voyage de Tananarive à Tamatave demande plusieurs jours. Enfin, j'espère cependant qu'elle verra son désir, qui est aussi le mien, se réaliser bientôt. J'ai pu apprécier les qualités de cette jeune fille pendant le temps que nous avons passé ensemble ; elle est bonne, douce, intelligente. Elle a été d'un dévouement admirable pour sa grand' mère, et ses sentiments profondément religieux, au moment de la cruelle séparation, m'ont fort édifiée.

Elle voit quelquefois Mme de Rivera, qui est charmante, mais elle habite à l'autre bout de la ville, ce qui rend les relations plus rares.

Le 16 août.

Il y a ici une belle œuvre à accomplir : civiliser, moraliser et christianiser les indigènes en les traitant avec bonté, en leur apprenant notre langue, en leur faisant aimer le travail. C'est le moyen de les préparer de loin à accepter les vérités religieuses dont le plus grand nombre n'a pas la moindre idée. Nous admirons M. Bienaimé qui se donne tout entier à cette œuvre de moralisation, qui ne prend jamais un moment de repos. Il est très respecté ici à cause de son caractère droit et de la bonté de son cœur. C'est un bon *vasaha* (blanc), disent les indigènes, et sans cesse ils ont recours à lui. Depuis qu'il est à Sainte-Marie, il a déjà eu bien des épreuves : plusieurs de ses compagnons sont morts de la fièvre, d'autres ont dû retourner en France pour cause de maladie ; il s'est trouvé, il y a quelques années, absolument seul. « Je vivais alors en ermite, nous racontait-il. Le Malgache qui faisait ma cuisine et tous les petits travaux intérieurs, était malade à Ambodifothre, cloué sur son lit par des rhumatismes qui l'empêchaient de marcher. Le matin, après avoir roulé ma natte, je fendais du bois pour le feu, je donnais à manger aux volailles; un indigène venait se faire soigner d'une blessure, un autre me faire faire une lettre, un troisième me demander des remèdes. Lorsque j'étais libre, j'allais arracher un pied de manioc, c'était mon pain ; quelques œufs de canards et du riz constituaient tout mon repas. L'après-midi, je travaillais aux plantations, je surveillais les ouvriers, et quand mes loisirs me le permettaient, je faisais un peu de peinture. »

Les exemples de M. Bienaimé sont précieux pour Marie. Combien je suis heureuse de voir que son intelligence si vive, sa si grande activité trouvent ici un noble emploi !... Il semble renaître à la vie. Sa santé est excellente, et il supporte à merveille notre nouveau climat. Jusqu'à présent, aucun de nous n'a encore été atteint de cette terrible fièvre qui, dans ces régions, terrasse tant d'Européens ; espérons qu'elle nous épargnera.

C'était hier l'Assomption, fête de l'île Sainte-Maurice. Comme cette journée s'est passée tristement pour moi ! Une pluie torrentielle nous a empêchés de franchir la grande distance qui nous sépare de l'église, et, pour la première fois de ma vie, je n'ai pas assisté à la sainte Messe au jour solennel du triomphe de notre Mère du ciel. Elle a vu tous mes regrets, mais que ce sacrifice a été grand pour moi ! Quand pourrons-nous avoir à Ambatouro notre petite chapelle et notre Aumônier !

Le 21 août.

Depuis quelque temps je ne puis plus me plaindre de la monotonie de nos menus, ils sont même très variés. Une jeune baleine est venue s'échouer dernièrement sur le sable. A Trouville ou à Boulogne, nous ne lui aurions pas fait grande fête, mais ici c'est tout différent. Nous en avons mangé plusieurs fois. C'est une chair serrée qui n'a pas mauvais goût. Les habitants d'Ambatouro se sont partagé ce butin, et lorsque la nouvelle de cette capture s'est répandue, il est venu des villages environnants des Malgaches pour en demander un petit morceau ; il était déjà trop tard, tout avait été distribué. Cette semaine, on a pris dans le nord de l'île un requin dont nous avons encore eu notre part, mais si la baleine est bonne, le requin ne l'est pas, du moins à mon avis : je lui ai trouvé un goût d'amertume qui m'est tout à fait désagréable.

Nous mangeons assez souvent des chauves-souris. Ne fais pas la grimace, c'est excellent. On les accommode comme les lapins ; bien entendu qu'on laisse de côté les ailes membraneuses.

Je ne te parle pas des chats comme d'une chose extraordinaire, car les charcutiers en font manger, même aux Parisiens ; enfin pour terminer mon énumération, j'ajouterai qu'en défrichant les bois on a attrapé des *tendrecs*, variété de hérissons propres à Madagascar. Ils sont entrés aussi pour quelque chose dans notre alimentation. Leur viande est bonne, mais l'odeur qui s'en dégage n'est pas appétissante. Tu vois que nous n'avons que l'embarras du choix.

Le 25 août.

Maurice s'occupe de ses plantations de caféiers. Il a environ vingt-cinq hectares de terrains à consacrer à cette culture pour laquelle il faut beaucoup de patience ; car le caféier ne rapporte guère qu'après deux ou trois ans de plantation. Il en a déjà acheté douze cents plants à 0 fr. 25 le pied. Malheureusement les *engagés* qu'il avait retenus, et sur lesquels il comptait, ont pris les pirogues du poste et se sont sauvés la nuit à la Grande-Terre. Il est obligé de les remplacer par des *journaliers* qui coûtent beaucoup plus cher et dont il n'est pas encore le maître. Ils travaillent pendant quelques jours, et lorsqu'ils ont gagné un peu d'argent, ils s'en vont sans que le travail soit achevé. On ne peut compter en aucune façon sur eux ; s'ils ont affaire à un colon qui les maltraite, ils se contenteront de dire : *vasaha massiaka*, le blanc est méchant ; mais ils feront par crainte ce qu'il leur dira : si au contraire celui qui les commande est bon, juste avec eux, ce sera : *vasaha tsarabé*, ce blanc est bon, et alors ils chercheront à tirer tout ce qu'ils pourront de lui, en travaillant le moins possible et au moment où il croira qu'ils lui sont attachés, ils le laisseront de la même façon qu'ils abandonneraient un colon qui les aurait traités durement.

Du reste, il est admis ici que le colon peut changer constamment d'ouvriers sans que cela paraisse extraordinaire.

Le 30 août.

Je souhaitais vivement, pendant que Maurice s'occupe de plantations, me rendre moi-même un peu utile. J'exprimai à M. Bienaimé ce désir qu'il approuva beaucoup, et pour me mettre en relations avec les habitants de l'île, il m'envoie des femmes malades, pour que je leur donne des médicaments ; des blessés, et ils sont nombreux, car les malgaches s'écorchent et se coupent souvent les pieds et les jambes dans les coraux, afin que je les soigne. « En leur faisant du bien, me dit-il, vous trouverez le chemin de leur cœur et par lui, vous arriverez peut-être jusqu'à leur âme ; » mais cela est difficile. Je vais chez eux lorsqu'ils ne peuvent pas marcher et je commence à connaître un peu leurs mœurs. Dernièrement j'ai rencontré un vieillard si faible que je l'ai aidé à regagner sa case ; depuis, je suis très bien accueillie dans sa famille. Je voudrais pouvoir te faire entrer avec moi dans l'une des habitations de nos malgaches. Dans un coin de la case, un foyer : trois pierres sur lesquelles on place une grande marmite remplie de riz ou de manioc ; du poisson quand on en a pris, voilà tout ce qui constitue leur repas. Très insouciants et sans prévoyance, ils ne ramassent du bois qu'au moment où ils en ont besoin, il est donc toujours vert, aussi lorsqu'il brûle, la case se remplit d'une fumée acre très désagréable. Elle ne leur est pas inutile, car ils font sécher du poisson, des poulpes ; mais alors l'odeur, pour celui qui n'y est pas habitué, devient insupportable. Enfin, lorsque le repas est prêt, on appelle tout le monde à grands cris. Une petite fille va chercher la nappe, les cuillers, les verres : tout cela en feuilles de ravenales, et c'est ce qu'il y a de plus propre dans la case, car ces feuilles se renouvellent à chaque repas. On en met une ou deux sur la natte, toute la famille s'accroupit autour, on verse dessus ce que contenait la marmite, on l'étale bien, chacun prend un morceau de feuille pour s'en faire une cuiller, et en trois ou quatre minutes, le riz a disparu. On fait chauffer un peu d'eau, toujours dans la même marmite, et on la distribue. Les malgaches ne boivent jamais en mangeant, mais seulement après le repas.

Tu vois comme cela est élémentaire, cependant je crois que, dans bien des circonstances, les malgaches apprécient les petites inventions qui sont le fruit de la civilisation. J'avais acheté à Tamatave une boîte d'épingles de sûreté, dites épingles de nourrices, elles sont très commodes pour attacher les bandes de pansement. Je recommande toujours aux blessés que je soigne de me rapporter ces épingles après leur guérison, il ne m'en revient jamais aucune, sans doute qu'elles leur plaisent beaucoup. Je pense que s'ils les avaient sous la main, ils aimeraient à se servir de nos ustensiles de ménage. Chose singulière toutefois, ils ne savent pas manier la bêche, cet instrument agricole si utile en Europe. J'espère qu'avec de la patience et du temps on arrivera à leur en apprendre l'usage.

Le 4 septembre.

En même temps que ta bonne lettre, ma chère Jeanne, la malle nous a enfin apporté tout ce que nous avions demandé à Paris. Tu ne peux te figurer avec quel plaisir nous retirions, un à un des caisses, tous les objets qu'elles contenaient. Lorsque je suis arrivée à la petite Vierge que la chère Visitation m'envoie et que tu as choisie toi-même, j'ai été bien émue. Elle, le crucifix et les deux reliquaires de vos saints fondateurs que tu as ajoutés, auront les premières places dans notre future habitation. Oh ! oui, que saint François et sainte Jeanne de Chantal nous protègent !... Grâce à son appareil photographique, qui n'a éprouvé aucune avarie pendant le voyage, Maurice va pouvoir se distraire un peu de son travail en prenant des vues que je t'enverrai. Puis du linge, des vêtements, des chaussures, toutes choses dont nous avions si grand besoin. Je crois que les privations qu'il nous a fallu subir nous font doublement sentir le prix de ces douceurs. Maurice n'est pas insensible non plus à ce bien-être qui nous arrive de France.

Mme de la Roche avait bien voulu s'occuper des achats qui me concernaient personnellement, et j'ai reconnu dans leur choix toute sa sollicitude et son bon goût. Rien ne me manque. J'ai trouvé, à côté de tout ce qui m'est utile pour le travail à l'aiguille, un nécessaire de toilette semblable à celui que j'avais emporté et que je lui avais montré avant mon départ, des livres, des couleurs, des pinceaux, du papier, des cartons, etc., enfin tout ce qu'il faut pour peindre et dessiner. Oh ! comme je vais m'amuser, c'est bien le mot, à reproduire la flore de Sainte-Marie et aussi quelques-uns de ses jolis oiseaux ; mais ce qui m'a été le plus agréable, c'est la tapisserie qui était si bien emballée dans la caisse aux vêtements. Une chasuble à broder avec tout ce qu'il faut pour la monter. Je crois bien que c'est toi, ma chère Jeanne, qui as donné cette bonne idée à Mme de la Roche. Je vais travailler pour notre église de Sainte-Marie. Quelle douce occupation !...

Une privation bien vive aussi était celle de tous nos livres restés au fond de la mer. Mais voici leurs remplaçants. Un office romain, une Imitation, des ouvrages sérieux et intéressants, des dictionnaires de science, de botanique, une revue pour Maurice.

J'écris par ce même courrier à Mme de la Roche, et sur du papier du *Bon Marché*, pour lui dire toute notre reconnaissance.

Je ne t'ai pas encore parlé des conserves qui vont nous être d'un si grand secours pour notre alimentation. Nous en avons donné quelques boîtes à cet excellent M. Léon qui s'en était dépourvu pour nous. Nous sommes si désireux de lui être agréables ! Tu ne peux te figurer de quel secours il a été et il est encore tous les jours pour nous. Je ne sais ce que nous serions devenus si nous ne l'avions pas trouvé à Sainte-Marie. Il a pris Maurice en affection et il est un véritable ami pour lui ; il le guide pour tout ce qui concerne ses travaux agricoles ; il l'aide non seulement de ses conseils, mais encore en lui facilitant toutes choses.

Le 10 septembre.

L'île Sainte-Marie n'est pas exempte de tempêtes ; nous en avons déjà eu quelques-unes et je t'assure que celles de France ne donnent qu'une bien faible idée des nôtres. Il y a une dizaine de jours, j'avais vu partir pour la pêche plusieurs pirogues ; alors la mer était calme ; mais, un peu plus tard, un orage épouvantable s'éleva, un vent violent soulevait les vagues à une hauteur effrayante, et le soir l'une des pirogues manquait à l'appel. Les parents du jeune indigène qui la montait se montraient fort inquiets ; ils arpentaient la grève, cherchant à la découvrir au loin ; ils apprirent bientôt qu'un coup de vent l'avait fait chavirer et qu'elle s'était perdue en mer. Pendant quelques jours, ils avaient espéré que le corps de leur fils serait rejeté sur le sable par les vagues, comme cela arrive souvent, il n'en fut rien, et hier avait lieu une cérémonie spéciale chez les Malgaches: l'enterrement par *effigie* de ce pauvre jeune homme.

Sur le haut d'un tronc d'arbre équarri on avait ébauché une tête. La famille et les amis s'étaient réunis autour de cette imparfaite représentation du mort, ils la portèrent au cimetière et la couvrirent d'un morceau de rabanne. Désormais le noyé aura, lui aussi, sa place au séjour des morts, il aura ses cérémonies funèbres, ses sicafars. On viendra déposer la calebasse de betsa-betsa au pied de ce monument, et chaque année on changera le voile de rabanne. Ici, comme dans les pays civilisés, l'amour survit à la mort. Lorsque arrive la séparation, l'amour maternel devient violent, presque sauvage. La femme malgache pleure longtemps son enfant, le père porte le deuil de son fils, de sa fille, deuil de privations, de sacrifices. Malgré l'incommodité qu'il en éprouvera, il laissera pousser sa barbe pendant six mois, il se privera de tout aliment préparé avec de la graisse pendant un an. Il y a certainement une pensée d'amour paternel très caractérisée dans ces sacrifices, ils prouvent aussi bien que nos vêtements noirs le chagrin d'un père, d'une mère à la mort de leur enfant.

J'exprimai à M. Léon le désir de visiter un des cimetières de l'île ; il nous conduisit à celui d'Ambatouro. Il est impossible de s'imaginer la tristesse, la désolation que présente ce champ des morts. L'entrée en est dissimulée par un rideau de lianes. Des troncs d'arbres grossièrement taillés en prisme, jetés dans les hautes herbes, indiquent la place des tombes païennes; quelques rares croix de bois, plantées sur la tombe des Malgaches baptisés, étendent leurs bras au-dessus de la brousse. Sur les troncs d'arbres, sur les bras des croix pendent des morceaux de rabanne et sur toutes les tombes indistinctement sont jetées des calebasses ayant contenu la betsa-betsa.

Le 15 septembre.

Il y a quelques jours, une femme Malgache, qui sait un peu le français, m'a apporté un morceau de bœuf, cadeau très bien reçu ; car, je pense te l'avoir dit, ici on ne vend pas de viande. Il y a des bœufs dans l'île, qu'on ne tue que pour les sikafars. C'est avec un vrai plaisir que nous avons mangé la soupe, une vraie soupe comme celle de France, avec des carottes, des pommes de terre et même du chou. Marcelline avait pu s'en procurer un moyennant un bon prix. Le bouillon était excellent ; nous en avons conservé pendant plusieurs jours.

Je témoignai ma satisfaction à la donatrice de ce précieux présent et causai un peu avec elle. Elle emploie aussi des journaliers, et je lui demandai ce qu'ils faisaient de l'argent qu'ils gagnaient ; car ils sont nourris et semblent n'avoir pas beaucoup de besoins ; et il n'y a pas de caisse d'épargne ici. Elle me répondit qu'ils faisaient comme les riches hovas de Tananarive.

— Que font-ils donc ?

— Ils rangent bien soigneusement toutes leurs piastres (pièces de cinq francs) dans un coffre. Chaque mois un esclave les en retire une à une, les frotte et les remet dans le coffre.

Je m'explique maintenant pourquoi les engagés ont refusé l'autre jour des pièces de cinq francs de Louis XVIII et de Louis-Philippe qui étaient noires, en disant qu'elles ne valaient rien. Je vais les faire frotter consciencieusement, et alors ils les recevront très volontiers.

Le 20 septembre.

Maurice s'est blessé hier au pied avec une pioche. Le sang coulait, mais heureusement nous avons pu l'arrêter avec du perchlorure de fer. Un journalier malgache, qui se trouvait là, me dit que cet accident était arrivé parce que le *Blanc* avait tué un serpent la veille. Pour eux, les serpents sont chose sacrée, et il ne faut pas y toucher. M. Bienaimé nous racontait qu'il en avait tué un dans la petite case, qui lui sert de cuisine, long d'un mètre soixante-dix et qu'il se l'était mis autour du cou, ce qui avait fait fuir immédiatement les femmes et les enfants. Ils ne sont revenus qu'après l'avoir vu se laver les mains. Avec le temps, il faut espérer que nous arriverons à détruire quelques-unes de leurs nombreuses superstitions. Dernièrement, un malgache qui avait déjà perdu quatre enfants, envoyait sa femme à la Grande Terre pour consulter un sorcier, afin de savoir ce qu'il fallait faire pour que son cinquième ne mourût pas. Le sorcier se fit d'abord payer et lui conseilla un grand sikafar auquel il assistera.

Le 27 septembre.

Je viens de voir une trombe se former presque sous nos fenêtres. C'est un phénomène dont je n'avais pas encore été témoin. Il se produit à la base un bouillonnement continuel ; la trombe s'avance vers le Nord et peu à peu finit par se dissiper. Les nuages remontent lentement, et la mer se calme.

Nous sommes installés dans notre nouvelle habitation depuis trois jours et nous nous y trouvons très bien. La construction a été promptement achevée. Elle est en bois et elle a l'aspect des grands chalets élevés sur les plages de Villers et de Trouville ; mais un peu moins flatteur pour l'œil, car elle est dépourvue de tous les ornements extérieurs qui embellissent ceux de nos plages françaises. Ces jolis bois découpés qui forment dentelle autour des toitures et des balcons manquent absolument ; il n'y a à Sainte-Marie aucune scierie mécanique. Mais, après les quelques mois que nous venons de passer sous la hutte, elle nous paraît des plus confortables. Du reste, tu vas en juger.

Après avoir franchi les cinq marches du perron, on arrive dans une grande véranda qui occupe toute la largeur de la maison. Elle est soutenue par des poutres de bois sans l'ombre d'une sculpture. De la véranda, qui est la pièce la plus utile de la maison, on pénètre dans le salon qui est encore dépourvu de meubles. Il y a bien ici des ouvriers qui font des chaises, des lits, des tables, des fauteuils et même des canapés, mais tout cela est fabriqué très lentement ; ils manquent des outils dont on se sert en Europe, ce qui rend le travail plus difficile ; cependant, comme ils sont très adroits et très patients, ils parviennent quand même à exécuter des meubles qui ne font pas encore trop vilain effet. Notre mobilier ressemblera à celui que l'on trouve dans les chalets de nos côtes. Comme le terrain n'est pas cher, Maurice a pu donner de grandes dimensions aux pièces de notre habitation. A côté du salon, la salle à manger, puis le cabinet de travail de ton frère et enfin la cuisine. Au premier étage, plus de chambres qu'il ne nous en faut. Celle de Maurice et la mienne, avec cabinets de toilette, sont à demi meublées. Un vaste grenier et les chambres de nos domestiques occupent le dernier étage. Enfin nous avons l'essentiel.

J'avais demandé à M. le curé de Sainte-Marie de venir bénir notre demeure, il l'a fait bien volontiers. Nos serviteurs et les ouvriers qui ont travaillé à notre maison ont assisté à cette bénédiction. M. Léon y était aussi bien entendu. J'ai eu un moment de bonheur, ma chère Jeanne, par l'espoir que le bon Dieu nous bénissait en même temps que notre habitation. Maurice paraissait aussi tout heureux.

Derrière notre maison s'étend un vaste terrain qui était déjà planté de grands arbres. C'est notre jardin d'agrément ; il est entouré d'une palissade Là nous sommes chez nous et sous de frais ombrages. Les fleurs y font un peu défaut ; j'espère que dans quelques années, des massifs aux fraîches couleurs l'égaieront. Maurice compte créer au delà un jardin potager pour nos légumes, mais pour arriver à un bon résultat, il faut vaincre de véritables difficultés. La chaleur est très grande et à certaines époques, l'humidité rend la végétation trop active. Les semis de légumes poussent avec une rapidité telle que leurs produits sont à peu près nuls. Te souviens-tu de ces semis de fleurs que nous faisions dans la serre à Villebois ? Quand la température était trop élevée, ces malheureuses graines poussaient en hauteur si maigres, si maigres !... Il en est souvent ainsi pour nos pauvres légumes, nos plus belles asperges atteignent la grosseur d'un crayon. Puis, tu sais comment le jardinier fumait ses carrés de pois, de petites carottes, de laitue. Ici on ne connaît pas cela. La terre produit ce qu'elle peut. Il paraît très dur aux Malgaches de la piocher. Leur culture à eux ne consiste qu'en manioc, en riz et en patates. Ils n'ont qu'à gratter légèrement la terre pour que cela pousse. Ils ne se donnent pas la peine de défricher comme nous le faisons en Europe ; ils mettent le feu dans la brousse et il ne se passe pas de nuit, car c'est le soir qu'ils commencent, sans que l'on aperçoive d'un côté ou d'un autre quelque incendie. Cela a un inconvénient très grand, le feu gagne les bois qui se trouvent à proximité ; aussi a-t-on défendu, sous peine d'amende, cette sorte de défrichement, ce qui n'empêche pas les indigènes de l'employer.

Le 5 octobre.

Marcelline avait élevé un petit cochon qu'elle soignait, je ne dirai pas avec affection, mais avec une sollicitude toute particulière. Cela variera un peu notre nourriture, disait-elle. On fera du boudin, des saucisses, et même du pâté. Comme nous n'avions pas encore d'enclos bien fermé dans notre nouvelle habitation, voilà qu'il se sauve dans la brousse ; impossible d'aller l'y chercher. Nous le croyions à tout jamais perdu, lorsque quatre jours après, on vient dire à Maurice qu'il est dans une plantation de cannes à sucre. Vite il y va voir, et il le retrouve en effet au moment où plusieurs chiens s'attaquaient à lui pour le dévorer. Jacques, qui était avec ton frère, ne trouva pas d'autre moyen de le soustraire à la voracité de ses ennemis que de le prendre par la queue.

— Il ne se sauvera plus, déclara Marcelline, quand il fut rentré en sa possession, nous allons l'enfermer.

Jacques, aidé d'un journalier, forma, avec de petits bambous, une sorte d'étable où le vagabond est bien emprisonné.

Le 10 octobre.

Bien qu'il n'y ait pas une grande différence dans les saisons, nous voici au printemps. Le mois d'octobre est généralement un mois de sécheresse, c'est la belle saison ; mais sans pluie, on ne peut ni semer, ni planter. Nous étudions la flore du pays, très abondante en arbres, arbrisseaux, lianes. On y trouve le café, les patates, le giroflier, le tabac, le cacaoyer, le pamplemoussier, la canne à sucre, la vanille, l'ananas, de nombreuses orchidées. Il y en a même une espèce très rare au Nord de l'île, et dernièrement nous avons vu des explorateurs à sa recherche ; le jacquier, arbre qui produit des fruits énormes pesant plusieurs kilos ; le cocotier, l'oranger, le pêcher, le mandarinier, le citronnier, le manguier, le bananier, le vacoa, sorte de palmier, dont les feuilles servent à tisser des sacs, le raphia, le cotonnier, le papayer, le ravenale qui nous vient si souvent en aide. A côté de ces essences, poussent également les bois d'ébène, de rose, de fer, de santal, d'acajou, des chênes de plusieurs espèces, le caoutchouc. Tu vois que j'ai du travail pour longtemps. Il y a peu d'herbes à fleurs, et celles que l'on y trouve se rapprochent des nôtres, j'en excepterai la gaillarde peinte, qui croît dans l'île spontanément et avec une force de végétation que nous ne connaissons pas en Europe.

Le 20 octobre.

Depuis quelques jours, nous voyons passer des vols de petites perruches vertes comme celles qui sont alignées dans des cages, quai de la Mégisserie, à Paris. Elles sont bien jolies, et cependant, nous les mangeons. Il en faut cinq ou six pour un plat. Maurice, qui va souvent à la chasse dans la forêt, nous a rapporté dernièrement cinq pigeons verts qui étaient excellents.

J'avais entendu dire qu'il y avait ici beaucoup de petits cardinaux, et je m'étonnais de n'en avoir pas encore aperçu un seul. Aujourd'hui j'en ai vu deux qui voletaient dans les arbres près de la maison et j'ai appris qu'ils ne revêtaient leur brillant plumage rouge qu'au mois d'octobre ; jusque-là ils ressemblent à de vulgaires moineaux.

Le 28 octobre.

Je travaille pour toi, ma chère Jeanne, cela m'est très agréable et tu ne te doutes pas de quelle manière. Te rappelles-tu qu'un matin à Villebois, nous avons trouvé les bonnes sœurs d'école, un jour de congé, fort occupées à faire des bouquets en plumes d'oies ? Elles les employaient toutes blanches et montaient ces fleurs un peu fades avec des feuilles en papier vert. Cela ne nous avait pas paru bien beau. Mais des fleurs en plumes de diverses couleurs, avec le feuillage également en plumes vertes, c'est tout différent. Je me souviens d'une coiffure de bal, rapportée du Mexique à l'une de mes amies par son oncle, capitaine de vaisseau, qui était splendide. Eh bien, ma chère Jeanne, je recueille toutes les plumes des gentils petits oiseaux dont je te parlais dernièrement et qui servent hélas ! à notre nourriture, pour en faire des bouquets tout à fait d'un nouveau genre, que je destine à la chère petite chapelle de la Visitation. Tu verras qu'il y a de jolies choses dans notre île.

Saint-Denis (Ile de la Réunion), le 2 mars.

Tu seras bien étonnée, ma chère Jeanne, du timbre de ma lettre. Ce n'est plus en effet de Sainte-Marie que je t'écris, mais bien de l'Ile de la Réunion, où je fais une saison d'eau, ni plus ni moins. Après t'avoir dit que je vais bien, je reviens un peu sur le passé, afin de te raconter les choses en entier.

Jusqu'à la fin de janvier, grâce sans doute à la nourriture aussi fortifiante que possible et au quinquina que nous prenions tous, nous n'avions pas encore eu le moindre accès de fièvre; mais le 25 janvier, Maurice a été pris de frissons et de tous les autres symptômes qui indiquent le début de l'un de ces terribles accès qui peuvent avoir les conséquences les plus fatales. Le curé de Sainte-Marie était mort la semaine précédente après avoir été malade seulement deux jours. Je fus, tu comprends, très effrayée. Nous avions heureusement de la très bonne quinine, et l'on put couper ce premier accès.

Jacques fut pris à son tour, mais d'une manière beaucoup plus violente, et je le crus perdu. Il resta plusieurs jours sans connaissance, et le médecin nous avait laissé peu d'espoir. Sa femme était désolée, et je t'avoue que, pour ma part, je l'étais bien aussi. Ils avaient voulu nous suivre tous les deux et s'ils allaient mourir, que de regrets pour nous!

J'avais fait prévenir le nouveau curé de Sainte-Marie, qui était venu lui donner les derniers sacrements. Je ne voulais cependant pas désespérer entièrement.

Un matin, où il me paraissait plus mal encore,

j'essayai de lui desserrer les dents avec une cueiller et de lui faire avaler un peu de thé mélangé de rhum que le médecin avait ordonné. Il ouvrit les yeux, fit quelques mouvements et lorsque le docteur revint, il le trouva beaucoup mieux et il me dit qu'il espérait le sauver. En effet le mieux s'accentua, et il fut bientôt hors de danger.

Nous croyions en être quittes avec cette terrible fièvre lorsqu'au milieu de février j'éprouvai les mêmes symptômes, mais d'une manière moins grave. Je me suis bien gardée de t'en parler dans ma dernière lettre. Comme les accès de fièvre revenaient tous les jours, ton cher frère prit peur, à cause de ma constitution qu'il prétend ne pas être très vigoureuse. Le médecin déclara qu'il fallait absolument quitter Sainte-Marie pendant quelque temps et aller à l'Ile Bourbon, dont le climat ressemble à celui de France, surtout dans les montagnes. Je résistai d'abord énergiquement, assurant à Maurice que je me guérirais très bien à Sainte-Marie, mais il y tint tellement, que je finis par céder. Je suis donc partie avec Jacques, qui a encore de temps à autre quelques accès de fièvre, et Lisbeth. Maurice voulut nous conduire.

Nous nous sommes embarqués le lundi, à onze heures. On nous avait prêté une grande barque qui appartient au Résident avec huit rameurs et de belles voiles blanches. Le vent était favorable : on mit les voiles dehors, et nous avons filé rapidement. Nous arrivions le soir à Tamatave, où nous devions prendre la malle jusqu'à la Réunion. Elle était en retard, et nous avons dû l'attendre toute une journée. Enfin, à minuit, nous entendons un coup de canon; c'était elle, il n'y avait pas de temps à perdre. Maurice avait retenu d'avance une pirogue; heureusement, il faisait un beau clair de lune et l'embarquement put s'accomplir sans trop de difficultés, excepté pour moi, car il faut faire une véritable gymnastique pour arriver jusqu'au bateau. Beaucoup de passagers sont descendus à Tamatave; mais il en restait encore un certain nombre qui allaient à l'île Maurice.

Le temps est beau, et nous restons sur le pont, où il fait bien meilleur que dans les cabines. La traversée, du reste, n'est pas longue.

Nous étions sur le bateau depuis une demi-heure à peine, lorsqu'un monsieur qui nous était inconnu, mais qui paraissait fort distingué, s'approcha de Maurice.

— Je vous demande pardon, lui dit-il, de vous aborder sans être connu de vous. Je m'appelle Louis Destourbet. Je remplis les fonctions du juge à Saint-Denis. J'ai épousé Mlle de Merville qui m'a parlé bien souvent de Mlle de Bonneuil avec laquelle elle a été élevée à la Visitation de Paris. J'ai vu vos noms dans la liste des passagers, et je venais m'assurer que la dame que vous accompagnez est bien Mlle de Bonneuil. J'espère que vous excuserez mon indiscrétion.

— Il n'y a rien à excuser. Ma tante est bien Mlle Madeleine de Bonneuil.

— Je serais heureux alors de lui être présenté.

La présentation fut faite suivant les règles de l'étiquette française et suivie d'une conversation des plus intéressantes.

M. Destourbet est à Saint-Denis depuis quinze ans. Ses trois enfants y sont nés. Il nous fit promettre de descendre chez lui.

— Vous seriez mal à l'hôtel, dit-il, et en venant chez nous, vous donnerez une grande joie à Mme Destourbet.

L'invitation était faite de si bon cœur, que Maurice et moi nous crûmes pouvoir l'accepter.

Pour des voyageurs qui sont venus de Paris à Sainte-Marie, la traversée de Tamatave à l'île de la Réunion est bien peu de chose. La nôtre se passa du reste d'une façon fort agréable, grâce à M. Destourbet, et sans que nous ayons éprouvé aucune fatigue, nous étions en rade de Saint-Denis où un spectacle ravissant se présentait à nos regards.

La capitale de l'île de la Réunion a une situation exceptionnelle. C'est d'abord la jetée du Barachois, derrière laquelle nous apercevons le mât et les cordages du Pavillon, puis la douane et, à travers les arbres, le Belvédère du palais du Gouverneur. Plus loin, la cathédrale et le magnifique hôpital militaire. De tous côtés, des groupes d'arbres égaient le paysage. Dans le fond, au-dessus de la ville, est la montagne du Brûlé que dominent d'autres élévations dont la cime se perd dans les nuages. A droite, le cap Bernard avance dans la mer ses entassements de rochers ; à gauche, des plaines s'étagent en pente douce jusqu'au rivage.

La rade de St-Denis n'est pas agréable, car la mer n'y est presque jamais calme. Nous arrivons heureusement dans un bon jour, et le débarquement se fait facilement. Nous trouvons sur la jetée, au milieu d'une foule composée de noirs et de blancs, Mme Destourbet, qui est venue au-devant de son mari, accompagnée de ses enfants. M. Destourbet nous nomma et elle se montra charmante pour moi. Elle nous fit monter dans sa voiture qui avait le cachet du pays : elle était traînée par deux petits chevaux batavias, dont l'espèce est la plus résistante à la température élevée de l'île de la Réunion. Elle arriva bientôt en face d'une grille, de chaque côté de laquelle se trouvaient de beaux palmistes qui élevaient dans le ciel leur tronc svelte surmonté d'un bouquet de feuilles luisantes. La grille roula sur ses gonds, et la voiture suivit pendant quelques instants une allée ombreuse, une sorte d'avenue formée de filaos.

Oh ! qu'il fait bon si loin de son pays de retrouver non seulement des compatriotes, mais encore des amis, car la reconnaissance a été bien vite faite entre Mme Destourbet et moi. Je t'étonnerai peut-être en te disant que nous nous sommes positivement reconnues. Si nous nous étions rencontrées dans une foule, nous n'aurions peut-être pas mis un nom sur nos physionomies, mais prévenue et ma mémoire en éveil, j'ai très bien retrouvé les traits de ma compagne de jeunesse, je dirai presque d'enfance, car nous étions toutes les deux à la Visitation dès l'âge le plus tendre.

Mme Destourbet a deux filles ; l'aînée a 14 ans et l'autre 13 et un fils beaucoup plus jeune. Louise et Adeline sont déjà bonnes musiciennes et, avec leur mère, elles nous donnent chaque soir un petit concert qui remplace avantageusement pour nous les assommants accordéons dont on entend sans cesse les sons désagréables à Sainte-Marie.

La maison de Mme Destourbet est montée

LE PALAIS DU GOUVERNEUR. (P. 111).

sur un pied très confortable. Il y a un cuisinier, un jardinier, deux valets de chambre et trois femmes de chambre, un petit noir pour faire les courses, un cocher et deux palefreniers, en tout onze domestiques. On croirait avec cela qu'il y a chez elle un luxe extraordinaire, il n'en est rien. Toute la famille est au contraire très simple.

Le 8 mars.

Tu sais, ma chère Jeanne, que j'aime à me renseigner sur toutes choses et que je suis questionneuse. Je fis donc causer M. Destourbet sur l'île de la Réunion qu'il paraît connaître à fond. J'appris qu'elle fut découverte par le Portugais don Mascarenhas, en 1545, et qu'elle a été acquise à la France en 1642. Elle fut visitée par le Cardinal de Tournon, légat du pape Clément XI, en 1703, et peu d'années après, la mission de l'île Bourbon fut confiée aux Lazaristes. Elle dut sa prospérité à Mahé de la Bourdonnais, qui en fut nommé gouverneur par Louis XV, en 1735. Les Anglais l'ont occupée de 1810 à 1815. Depuis 1848, elle s'appelle officiellement île de la Réunion. Elle est sillonnée par de nombreux torrents; elle renferme un volcan éteint, le Piton des Neiges; un autre qui brûle encore, le Piton de Fournaise. Les coulées de laves, circonscrites entre deux ravins, se dirigent vers la mer.

L'île de la Réunion produit le sucre brut, l'indigo, le café, la vanille, le girofle, le tafia, le manioc, les patates, le tabac, le coton, le riz, le maïs, etc.

Nous avons visité la ville qui a un aspect bien singulier. Figure-toi un immense jardin coupé par de grandes allées absolument droites, qui sont elles-mêmes traversées par d'autres allées, de façon à laisser entre elles des carrés de terrain très réguliers. Ces allées ou plutôt ces rues sont presque toutes bordées de murs, car les habitations ne sont pas construites sur le devant comme en Europe, mais au milieu de la verdure et des fleurs. Sur le devant de la maison, qui est ordinairement très vaste, se trouve la varangue ou vérandah dont nous avons bien un peu l'idée en France. Chez nous, les vérandahs sont fermées et nous en faisons de petites serres dont le but principal est de rendre les appartements moins froids ; ici c'est tout l'opposé, on recherche l'ombre, la fraîcheur. La varangue est une longue pièce tenant tout le devant de l'habitation et soutenue par des colonnes. C'est là que l'on passe sa vie. Celle de Mme Destourbet est meublée de sièges et d'immenses fauteuils en rotin, de canapés aussi en rotin, de petites tables légères, tout y est aménagé de façon à atténuer autant que possible les inconvénients de la chaleur, c'est du reste vers ce but que convergent tous les efforts des créoles. Les dames sont vêtues d'une robe de toile taillée en forme de blouse. Je m'en suis procuré immédiatement une semblable à celle de Mme Destourbet et j'ai compris l'avantage de cette forme qui rend le vêtement beaucoup moins chaud. On reste dans la varangue fort tard le soir ; on y reçoit sans cérémonie les personnes de son intimité, auxquelles on offre du thé, des glaces, des sorbets, etc. C'est ainsi que nous avons fait connaissance avec les principales familles de Saint-Denis. Les femmes joignent aux charmes naturels des créoles la vivacité d'esprit que nous admirons chez nos compatriotes. J'ai pu constater dans ces petites réunions quotidiennes, combien Mme Destourbet était aimée et estimée ici.

Les créoles aiment beaucoup la vie de famille. En général, les filles qui se marient ne quittent point leurs parents. Le père, la mère, les gendres, les brus, les petits-enfants, souvent même les frères, les sœurs, les neveux et les nièces demeurent sous le même toit. On agrandit l'habitation, on augmente le nombre des domestiques. Tu as vu par ceux de Mme Destourbet qu'il y avait ici un vrai luxe de serviteurs. On ne leur donne pas de gros gages, mais ils ont peu de travail à faire.

Le 10 mars.

M. Destourbet nous a fait visiter les monuments de la ville, qui n'ont rien de remarquable. Le palais du gouverneur est très ordinaire ; la cathédrale a un assez beau péristyle, l'intérieur est fort bien décoré, elle domine la place sur laquelle elle a été construite et qui est entourée de palmiers, ce qui produit un très heureux effet. Quatre autres églises : l'Assomption, St-Jacques, Notre-Dame de la Délivrance et St-Thomas des Indiens desservent Saint-Denis. La ville est traversée dans toute sa longueur par la rue de Paris, qui aboutit à la place circulaire plantée de gros tamariniers. Le jardin de l'État, qui s'appelait autrefois le jardin du roi, termine la perspective. Il est divisé en deux.

D'un côté plusieurs allées d'arbres magnifiques conduisent au Muséum, et de l'autre côté, est un très beau parc dessiné à l'anglaise. Le Museum contient de véritables richesses zoologiques et de belles collections, mais nous passons rapidement, la chaleur est grande et je n'ai plus qu'un désir : me reposer un peu dans la varangue de Mme Destourbet. Il y avait encore une belle promenade à faire pour arriver jusqu'au sommet de la montagne Saint-Bernard, mais il fallait la gravir par une rampe en lacets, et cette ascension devait durer une heure. M. Destourbet et Maurice l'entreprirent. Il paraît qu'en arrivant sur la montagne, on jouit d'un site charmant.

Au bord du chemin, une belle église, et plus bas une petite maison en bois qui est l'habitation du curé, puis plus bas encore, au milieu d'un ravin transformé en parc, de grandes bâtisses entourées de palissades, c'est là que vivent de pauvres lépreux. Lorsque cette maladrerie fut construite, il fallut chercher des infirmières pour soigner ces malheureux, pour panser leurs plaies hideuses. Il y avait à Saint-Denis une congrégation religieuse de Filles de Marie, fondée par des Dames créoles ; mais on n'osait pas en demander quelques-unes. Comment les exposer à la contagion de cette horrible maladie ! Il fallait un courage surhumain. Enfin on se décida à faire un appel pour cette mission qui conduisait au martyre ; lorsque la Supérieure demanda sept personnes de bonne volonté pour la Maladrerie, soixante religieuses se présentèrent....

Il y a ici des frères des Écoles chrétiennes ; ils ont des établissements dans toutes les villes de la colonie. Les sœurs de Saint-Joseph de Cluny y sont également très répandues, elles élèvent toutes les jeunes filles créoles. C'est chez elles que vont les enfants de Mme Destourbet. J'ai visité leur pensionnat et fait la connaissance de leur supérieure, qui est une femme très distinguée.

Le 12 mars.

Aujourd'hui de grand matin, je suis descendue pour me promener quelques instants dans le jardin qui entoure l'habitation de Mme Destourbet. De véritables surprises m'y attendaient, car chose singulière, les magnifiques fleurs qui l'embellissent ne ressemblent à aucune de nos fleurs d'Europe. Il y a là une sève extraordinaire, et une vivacité de couleurs splendides. Une des plus éclatantes est le cactus que l'on trouve partout, tantôt en haie, tantôt sur le haut des murailles. Son rouge éblouissant étincelle au milieu de son feuillage d'un vert foncé. Ici, c'est un massif de bananiers aux feuilles larges et vigoureuses dont les régimes tombent gracieusement, semblant nous inviter à cueillir quelques-uns de leurs fruits; plus loin, des mangouyers couronnés d'un feuillage verdoyant dont les fruits ressemblent à des pommes d'or. Parmi tous les arbres que j'admire à Saint-Denis, c'est le tamarin que je préfère. Il a une forme sphérique et il peut couvrir de ses branches un espace très considérable. Un missionnaire que nous avons vu chez M. Destourbet nous disait qu'il avait un jour fait le catéchisme à cinq cents esclaves qui étaient parfaitement à l'ombre sous le feuillage d'un immense tamarin qui formait une voûte impénétrable aux rayons du soleil.

Le 13 mars.

Les créoles de distinction tiennent beaucoup à ce que leur table soit très bien servie, et nous en avons la preuve depuis que nous sommes à Saint-Denis. Tous les mets sont excellénts quoique bien différents de ceux d'Europe. Je ne connaissais pas le carry indien, qui est une sauce de haut goût dans laquelle entrent plus de quarante espèces d'aromates, où dominent le safran, le girofle et le piment. On prend cette sauce avec le poisson, la volaille, les viandes de diverses espèces. Un mets qui paraît aussi en grande faveur, ce sont les rougayes. Il se compose de légumes, de fruits, de raifort et de tomate ; ce mélange un peu étrange n'est pas désagréable.

Le meilleur poisson que l'on ait servi, c'est le rougamier. Il a à peu près la forme de la barbue, mais il est plus long. Les riches colons ont un réservoir dans lequel on laisse les rougamiers quelque temps pour les engraisser, et on arrive à un excellent résultat. C'est le seul bon poisson d'eau douce. Les rivières, qui sont pour la plupart de véritables torrents, en donnent peu, mais la mer des Indes en fournit à profusion.

Les achars ne sauraient manquer dans ces repas où l'on aime les choses fortes. Les légumes se servent sous toutes les formes. L'un d'eux, que nous ne connaissons pas en France, est le chou palmiste. Il se mange frit, en salade, en purée ; son goût est extrêmement fin et délicat, malheureusement pour se procurer ce chou, qui est le cœur du feuillage du palmier, il faut abattre l'arbre lui-même.

Les cuisiniers sont fort habiles pour la confection des entremets, des gâteaux, des compotes de tous genres. Hier, on a servi une omelette soufflée aux bananes, aujourd'hui une mousse indienne d'une charmante couleur rose, mais par trop parfumée. Ce matin, c'était une crême au cacao et une autre aux girofles. Ce qui est particulièrement bien accueilli par tous, vu la chaleur dont nous jouissons actuellement, ce sont les sorbets et les glaces qui reviennent à tous les repas et en dehors des repas.

Lisbeth admire beaucoup l'installation de Mme Destourbet et la manière dont le service est organisé chez elle.

— C'est comme cela, disait-elle, qu'il faudrait que ce fût à Sainte-Marie.

Elle a pris du chef quelques bonnes leçons ; il lui a donné des recettes, et elle est enchantée à la pensée qu'elle pourra utiliser sa science culinaire à notre profit.

Le 14 mars.

Il y a quelques jours, nous étions tranquillement assises à travailler sous la varangue, lorsque tout à coup nous entendons la mer rugir sourdement Mme Destourbet se lève et nous dit, tout émotionnée : c'est un cyclone, regardez comme les flots bouillonnent. En effet, nous voyons et surtout nous sentons qu'il va se passer quelque chose d'extraordinaire. Le soleil semble incendier le ciel, et cependant il règne encore un calme profond dans la nature. La chaleur diminue, le vent s'élève et les premières rafales s'abattent sur la terre se succédant avec une effroyable rapidité. Le cyclone passe et détruit tout dans la campagne : arbres, récoltes, moissons ; il soulève d'énormes toitures et les transporte au loin. Une pluie diluvienne fait déborder les rivières et inonde les terrains bas. De la varangue nous entendons les vagues mugissantes qui viennent frapper les rochers avec un bruit véritablement effrayant. Nous avions fait la veille une promenade en voiture dans les environs de Saint-Denis et admiré les plantations pleines de vie, les récoltes prêtes à être coupées. Une charmante maisonnette, près d'un torrent sur lequel un pont rustique était jeté, m'avait surtout frappée. Elle était entourée d'un petit jardin dans lequel nous avions remarqué de jolis arbres et de belles fleurs. « J'aimerais à vivre ici, » avais-je dit à Mme Destourbet.

Aujourd'hui, nous retournions vers ces lieux désolés. La maisonnette avait été emportée par le cyclone, le pont rustique n'existait plus, et ces lieux, quelques jours auparavant si riants, n'offraient plus que le spectacle de la désolation. Le torrent avait envahi tout le vallon, qui ne présentait plus que l'aspect d'un lac aux eaux bourbeuses. On a peine à se figurer, dans ces pays si favorisés par la nature, de semblables bouleversements et j'en suis encore bien impressionnée.

Le 15 mars.

Voilà dix jours que nous sommes à Saint-Denis. Mme Destourbet voudrait nous garder encore, mais je craindrais d'être indiscrète en prolongeant notre séjour chez elle. Du reste, nous avons hâte de commencer notre saison aux Salazes. L'air frais et pur que l'on y respire est, nous assure-t-on, des plus favorables pour combattre la fièvre. Sans doute ce ne sont pas les sources thermales que nous trouvons sur différents points de la France, mais du sommet des montagnes découlent les eaux les plus limpides que l'on puisse imaginer.

Mme Destourbet nous a prévenus qu'il fallait nous munir de vêtements chauds : avec elle nous avons fait nos acquisitions : flanelles, tricots, manteaux, etc., enfin tout un assortiment d'habillements dont nous ne pensions pas avoir besoin à l'île de la Réunion.

Tout est prêt, et il est décidé que nous partirons mardi prochain.

M. Destourbet a profité du départ de l'un de ses amis, M. d'Hassenville, qui allait aussi avec sa famille faire une saison aux Salazes, pour le prier de nous y louer un chalet. Les choses nous seront ainsi très facilitées, puisque nous n'aurons qu'à nous installer à notre arrivée.

— Je suis enchantée, me dit Mme Destourbet, que les d'Hassenville aillent aux Salazes en ce moment. Vous les connaissez déjà un peu pour les avoir rencontrés ici le soir, vous serez donc moins isolés là-haut. Mme d'Hassenville est une excellente personne, et sa sœur Mlle Monnin est très pieuse; vous vous entendrez à merveille avec elle.

J'étais heureuse en effet, plus encore pour Maurice que pour moi, de la perspective de nous trouver avec des personnes qui n'étaient plus des inconnus pour nous.

Les Salazes, le 19 mars.

A cause de la chaleur, il nous a fallu partir de très grand matin pour les Salazes. Les adieux ne furent que des au revoir, car lorsque notre saison sera achevée, nous redescendrons à Saint-Denis d'où nous nous embarquerons pour Tamatave.

Une bonne voiture nous transporta tous les quatre sans fatigue au pied de la montagne. Là, nous avons pris des chevaux. Il y avait bien vingt ans que je n'étais montée à cheval, mais nos coursiers étaient fort calmes et ils ont tellement l'habitude de gravir les sentiers étroits et quelquefois même un peu dangereux de la montagne, que l'on se sent vraiment en sûreté pendant cette ascension. Nous sommes passés dans de verdoyantes forêts de cannes à sucre et de caféiers. On entendait les chants des ouvriers et le bruit des eaux qui tombent de rocher en rocher. Il y a là plusieurs sucreries et la vue de ces machines nous causa un certain étonnement au milieu de cette belle nature, de cette végétation luxuriante. Plus nous montions et plus le panorama s'élargissait. A droite on aperçoit Sainte-Marie et la rivière des pluies; plus bas, Sainte-Suzanne; à gauche, Saint-Benoît. Notre guide nous montra au loin, près du volcan, le village de Sainte-Rose.

Déjà, à cette hauteur, la brise rafraîchit beaucoup la température, aussi les plantations sont plus vivaces et plus vigoureuses que dans la vallée. C'est sur cette montagne que l'on récolte les cafés les plus renommés. La chaleur étant fort tempérée, tout ce qui pousse de ce côté est meilleur que ce qui croît dans la plaine. Nous continuons notre ascension, ce sont encore des bois que nous rencontrons et, çà et là, quelques rochers noirs et effilés qui sont comme les exubérances d'un sol volcanique. Enfin nous entrons dans le pays des Salazes. On n'entend plus que les coups sourds de la hache, de temps à autre le fracas d'un arbre qui tombe sous la cognée des bûcherons et le bruit des scieries qui le débitent. Dans les forêts que nous traversons, croissent des ébéniers, des palissandres, des acajous et bien d'autres essences précieuses. Nous éprouvons alors un sentiment de bien-être indéfinissable, on respire déjà plus à l'aise, nous sentons même le besoin d'un vêtement plus chaud. Nous voici arrivés au chalet que nous allons habiter pendant quelques semaines. Il est charmant, et nous nous y trouvons très bien. La varangue est élégamment aménagée; elle fait face à l'Océan Indien. Le salon est vaste, la salle à manger aussi. Quant aux chambres, elles sont fort agréables. Nous sommes dans un bois. Ce matin, en me réveillant, j'entendis les oiseaux chanter autour du chalet, un charmant concert qui, de temps à autre, est dominé par les cris aigus des coqs de bruyère très nombreux dans ces parages. Un peu plus tard une cloche tinta au loin; c'était la sonnerie de l'*Angelus*, et je ne puis te dire la joie que j'éprouvai en l'écoutant.

— Où donc est l'église? demandai-je à une brave femme qui passait.

— Oh! loin, bien loin par là, me répondit-elle en levant sa main sur la droite.

J'exprimai à Maurice le désir bien naturel d'aller la visiter. Le trajet pour y arriver est vraiment long, mais grâce aux bons chevaux que l'on a dans ce pays, il s'accomplit assez rapidement. Je fus toute charmée en apercevant l'église qui est un vrai bijou gothique. Elle a été construite avec des pierres de lave, et l'intérieur est en bois des essences les plus précieuses. La mosaïque du sanctuaire fit notre admiration : elle est en ébène et en bois de rose, et comme nous nous étonnions de ce luxe, le curé, qui était justement là, nous raconta que chaque industrie de sa paroisse avait voulu y apporter une pierre et que tous les touristes y laissent un *ex-voto*. Nous ne pouvions manquer de suivre ces excellents exemples. Le presbytère est en harmonie avec l'église et le curé de la paroisse s'y trouve très heureux.

Le 21 mars.

Nous avons été hier faire une visite à Mme d'Hassenville dont le chalet est voisin du nôtre. Elle est charmante. Sa mère était française, et il me semble que je retrouve en elle quelque chose de notre chère patrie. Elle n'a qu'un fils, un enfant de dix ans. Ils viennent chaque année passer deux mois dans la montagne et s'applaudissent de cette saison qui est très salutaire à leur santé. Plusieurs familles de Saint-Denis sont également ici. Pour Maurice, je suis enchantée de cette petite société, car j'ai toujours peur de l'ennui pour lui. Il y a dans la forêt des chasses superbes, et ces messieurs se livrent avec frénésie à ce plaisir très goûté par ton frère. Le gibier est de première qualité : des faisans, des coqs de bruyère, des sarcelles qui, rabattus par les Noirs, se laissent facilement atteindre. Les piverts et les martins-pêcheurs s'envolent des arbres par essaims, mais on ne tire pas sur eux, c'est un trop petit gibier. Le soir, quand ces messieurs rentrent de la chasse, ils sont tout fiers des hécatombes qu'ils ont faites. Hier, Maurice a tué un faisan argenté magnifique. Il paraît que c'est tout à fait une bonne chance, car l'on en rencontre rarement. J'ai conservé ses plumes aux couleurs vives et brillantes dont tu pourras te servir utilement pour les fleurs dont je t'ai parlé.

Pendant que ces messieurs chassent, nous nous réunissons trois ou quatre dames pour travailler ensemble. Il y a quelques jours, Mme d'Hassenville m'avait annoncé qu'elle attendait une de ses amies avec ses deux fils de quinze et dix-huit ans.

— Ils chasseront avec ces messieurs, dit-elle, et avec eux aussi, ils feront quelques-unes de ces belles excursions qu'il ne faut pas négliger quand on est aux Salazes.

Le 23 mars.

Mme Nizet, l'amie de Mme d'Hassenville, est arrivée avec ses deux fils, Georges et Henri. La pauvre dame est en grand deuil ; elle a perdu son mari l'année dernière, elle est encore fort triste

— Je crois, me disait-elle, que si je n'avais pas eu mes fils, je serais morte de chagrin, mais je vis pour eux.

Ces jeunes gens sont ravis d'être ici. L'air, l'espace, les chasses, les ascensions, tout cela va à leur nature ardente et entreprenante.

Hier on a fait l'ascension des Salazes, qui est du reste facile. Cependant les dames n'en étaient pas, et c'est le récit de Maurice que je t'envoie. On traverse la forêt des petits nattes, qui sont déjà de taille très respectable; plus haut, les grands nattes, ces géants de la montagne que les ouragans les plus violents ne parviennent pas à déraciner; ils semblent dominer le grand Océan. C'était un spectacle saisissant. Sous ces ombrages séculaires, les Noirs servirent le déjeuner des excursionnistes qui nous revinrent le soir, charmés de cette première ascension. Il y en a une autre beaucoup plus intéressante, celle du Piton des Neiges; on l'entreprendra dans trois ou quatre jours.

Le 28 mars.

Jeudi dernier, M. d'Hassenville, Georges et Henri Nizet et Maurice partaient pleins d'entrain pour le Piton des Neiges. Comme cette ascension est beaucoup plus fatigante que les autres, Mme Nizet ne voulait point y laisser aller ses fils. Était-ce un pressentiment? Ils firent de si vives instances, qu'elle finit par céder. D'après les conseils de M. d'Hassenville, ces messieurs avaient pris des vêtements plus chauds et s'étaient couverts de flanelle. A 5 h. du matin, ils montaient à cheval, précédés par des Noirs vigoureux qui emportaient les vivres nécessaires pour la journée et marchaient en éclaireurs. A cette heure matinale, les bûcherons étaient déjà à l'œuvre dans le bois. A mesure que l'on montait, le voisinage des glaciers se faisait sentir, les fougères étaient plus pâles et les taillis n'avaient plus guère que des arbrisseaux rachitiques; les petits nattes seuls s'élançaient du sol pleins de vie et de verdeur. L'abaissement de la température donnait une nouvelle ardeur aux chevaux. Il fallut cependant les laisser. Il y avait encore une heure de marche pour arriver au fameux Piton des Neiges. Le froid commençait à devenir plus vif; le vent soufflait avec violence, mais armés de leur bâton de touristes, nos excursionnistes continuèrent de monter et pénétrèrent enfin dans le désert. Ils avaient devant eux une immense plaine noirâtre; plus aucune terre végétale, mais un tuf volcanique, dur comme le granit, des rochers entassés les uns sur les autres, et au milieu desquels on avançait difficilement. A droite, s'élèvent deux gigantesques rochers d'où jaillissent des eaux d'une pureté merveilleuse, ce sont les sources de deux rivières : celle des Salazes et la rivière des pluies qui se dirige du côté de Saint-Denis. Après une nouvelle ascension d'une demi-heure environ, ils se trouvèrent en face de la mer de glace et du Piton des Neiges. C'est une véritable Sibérie. Les noirs se mirent à tailler la glace avec leur hachette et en firent une provision pour la rapporter aux Salazes. C'est ici que les colons envoient leurs serviteurs en chercher pour leur usage. A cette hauteur, l'île apparaît comme un véritable cône. A l'aide de longues vues on aperçoit les villes, les plages, tout l'ensemble de la Réunion.

AUX SALAZES. (P. 122.)

Jusque-là l'excursion avait été fort agréable et sans aucun incident fâcheux ; mais hélas ! il ne devait pas en être ainsi au retour. En descendant du Piton des Neiges, on s'arrêta dans un endroit des plus pittoresques, mais aussi des plus dangereux : deux échancrures de rocher d'une vingtaine de mètres au point de départ vont en s'élargissant et laissent entrevoir de riantes vallées. La profondeur est telle que le regard peut à peine suivre le torrent qui descend par ces pentes. M. d'Hassenville recommanda aux touristes la prudence. En effet, me disait Maurice, je sentais le vertige me prendre : mais les jeunes gens ne veulent jamais croire au danger. Tout à coup, Georges, qui s'était approché très près du bord, glisse et disparaît. Henri pousse un cri et veut se précipiter au secours de son frère ; Maurice le retient et le repousse en arrière. Un moment de stupeur succède à cet affreux accident. On court, on appelle ; les Noirs qui avaient suivi les touristes affirment que tout secours est inutile et que le corps de ce pauvre jeune homme a été brisé avant de toucher le fond du précipice. M. d'Hassenville demande s'il n'est pas possible de descendre dans la vallée, on lui répond qu'on le peut par des sentiers très escarpés. On n'hésite pas à les prendre. Les Noirs qui connaissent le pays courent en avant sans hésitation dans les passages les plus périlleux. Hélas ! ils ne s'étaient pas trompés dans leurs tristes prévisions. Le corps du pauvre enfant est retrouvé affreusement mutilé. M. d'Hassenville demande à Maurice d'emmener Henri afin de lui éviter la vue d'un si horrible spectacle. Il fit déposer le corps du malheureux jeune homme dans la maison d'un paysan de la vallée et laissa quelques Noirs près de lui. Te figures-tu ce que fut le retour des excursionnistes ? J'étais allée au devant d'eux avec Mme d'Hassenville et Mme Nizet.

— Où est Georges? s'écria Mme Nizet en n'apercevant pas son fils aîné.

Henri vint se jeter dans les bras de sa mère. Sans une parole, elle avait hélas ! tout compris. Son désespoir fut navrant.

— Comment ne l'avez-vous pas sauvé ! disait-elle au milieu de ses sanglots. O mon fils ! mon fils !... répétait-elle en se tordant les mains. Où est-il ? Je veux le voir...

— On ne pouvait répondre à son désir ; son enfant était méconnaissable, et sa vue ne pouvait qu'augmenter la douleur de la pauvre mère.

. . . .

Avant-hier a eu lieu à la petite église des Salazes le service mortuaire de Georges. Sa mère y assistait et dans quel état de désolation !... Elle voulut suivre, avec Henri, jusqu'à Saint-Denis, la dépouille mortelle de son enfant. M. d'Hassenville et Maurice les accompagnaient. Ils sont revenus ce matin. Ce terrible événement a jeté un voile de tristesse sur notre séjour ici.

Les Salazes, le 1er avril.

Les impressions morales sont parfois tellement fortes que malgré les meilleures conditions de santé où l'on se trouve, la pauvre nature souffre et faiblit. Il en a été ainsi pour moi. Grâce à l'air si pur des Salazes, j'allais beaucoup mieux et je me croyais complètement guérie, mais la secousse que j'ai ressentie le jour de la mort de l'infortuné Georges Nizet a été si violente que le soir même j'étais reprise de la fièvre. Je suis mieux aujourd'hui, quoique encore bien faible. Maurice s'en désole. Le médecin affirme que je serai bientôt remise. Mme d'Hassenville est très bonne, elle vient me voir souvent. Elle a reçu ce matin une lettre de Mme Nizet qu'elle m'a apportée. Pauvre mère ! sa douleur est immense. Elle reste à Saint-Denis et ne veut plus revenir aux Salazes, cela se comprend : il est si naturel de fuir les lieux où l'on a beaucoup souffert.

Le 10 avril.

Nous voici de nouveau à Saint-Denis. Nos santés sont bonnes, et notre saison aux Salazes, si attristée cependant, nous a été salutaire. Mme Destourbet veut absolument nous garder ici quelques jours. Hier j'ai fait avec elle une longue promenade dans son parc. Nous nous étions assises pour nous reposer quelques instants ; tout à coup, j'entendis des sons harmonieux à peu de distance de nous, et lui demandai d'où ils venaient. Elle me conduisit alors au pied d'un arbre qui est vraiment bien extraordinaire, c'est le filaos. La tige est droite et polie ; il s'en échappe des milliers de branches minces ornées de filaments très ténus d'un vert sombre. Lorsque le vent souffle à travers ses branches, il les agite comme des plumes flottantes à la brise et en tire un son très doux et très harmonieux qui rappelle celui des harpes éoliennes. Mon amie me fit remarquer aussi l'eucalyptus, ce végétal singulier, dont les feuilles les plus rapprochées de la terre sont d'un vert blanchâtre, tandis que celles de la cime prennent une couleur bleue très tranchée.

L'après-midi nous sommes sorties pour quelques achats. Ici, les magasins s'appellent des bazars, et de fait, ils en ont un peu l'aspect. Nous avons donc visité successivement le bazar chinois en face duquel se trouve le bazar indien ; puis le bazar français, où j'ai reconnu bon nombre de ces objets que l'on nomme articles de Paris et enfin le bazar anglais. Il est intéressant d'aller ainsi d'un pays à un autre pays. J'ai fait quelques emplettes dans ces divers bazars, qui ont chacun leur caractère spécial.

Le 12 avril.

Je n'ai pas voulu quitter Saint-Denis sans aller revoir Mme Nizet. Mme Destourbet la connaît beaucoup. Elle était, paraît-il, une ravissante jeune fille adorée de ses parents. Le bonheur, qui lui avait souri dès sa jeunesse, resta son partage pendant vingt ans après son mariage avec M. Nizet ; puis tout à coup le malheur fondit sur elle. En moins d'un an, elle perdit sa mère, son père et son mari. La mort de son fils aîné a brisé à jamais sa vie. Mais elle a la foi. Elle seule peut nous soutenir quand tout manque autour de nous. La pauvre mère est résignée : « Dieu l'a voulu, nous disait-elle, mais que la croix est lourde ! »

Nous reprenons enfin après demain le chemin de l'île Sainte-Marie. Mme Destourbet prétend qu'il sera indispensable que je revienne chaque année aux Salazes. J'accepte volontiers cette perspective qui me procurera le plaisir de la revoir.

Sainte-Marie, le 15 avril.

Notre courrier de France, apporté par le dernier paquebot, nous attendait ici. Ta lettre nous a fait grand plaisir. Oh ! ces nouvelles du pays sont toujours si douces au cœur !...

Nous avons retrouvé notre chez-nous avec une vive satisfaction. Quoiqu'il ne soit pas très luxueux, nous possédons maintenant tout ce qui nous est nécessaire. M. Bienaimé, que nous étions si heureux de revoir, nous avait préparé une aimable surprise. Quatre natures mortes, très bien réussies, ornaient les murs un peu nus jusque-là de notre salle à manger ; elles représentaient des oiseaux de l'île. Dès le lendemain de notre retour, Maurice fit avec cet ami si dévoué la visite de toutes ses plantations, elles étaient en parfait état. M. Bienaimé en avait dirigé tous les travaux comme si elles lui appartenaient.

Quand je jette un regard en arrière, il me semble que nous n'avons pas perdu notre temps depuis notre arrivée à l'île Sainte-Marie. Maurice a suivi les conseils de M. Bienaimé, dont l'expérience repose sur des bases certaines, puisqu'il réside dans l'île depuis trois ans.

Les cultures qui conviennent le mieux au sol et au climat sont celles du giroflier et du vanillier. Ce sont les plus rémunératrices. Le caféier croît plus lentement, mais donne aussi de bons résultats. Eh bien, tous nos travaux de plantations se sont faits régulièrement et nous avons de belles espérances. Il faut attendre plusieurs années pour avoir quelque profit de ces cultures, nous prendrons patience tout en ne rien négligeant pour la réussite. Maurice a acheté dernièrement des bœufs qui doivent surtout servir à fournir de l'engrais dont les Malgaches ne comprennent pas encore l'utilité.

Pour nous encourager et nous montrer ce que l'on peut obtenir avec de la persévérance, M. Bienaimé nous a fait visiter des plantations de caféiers et de girofliers en plein rapport. Les girofliers sont couverts de fruits et les caféiers de baies à s'en rompre. De nombreuses négresses en font la cueillette dans de petits paniers fabriqués avec un jonc des marais. La baie du café liberia cultivé ici, arrivée à complète maturité, est rouge sang. Elle contient deux graines plates du côté où elles se joignent et demi rondes de l'autre côté. Un pied de caféier liberia peut donner de six à sept kilos de café par an, et tu te rappelles que c'est par milliers qu'on les plante.

Mais nous ne sommes pas venus à Sainte-Marie uniquement pour cultiver la terre ; pour nous ce n'est qu'un moyen d'arriver à un autre résultat bien plus important. Déjà Maurice a su grouper autour de lui de nombreux indigènes sur lesquels il exerce une heureuse influence, il leur fait du bien en les occupant et en rémunérant leur travail. Notre ambition est de concourir à leur moralisation.

Le vrai moyen serait de s'occuper beaucoup des enfants. Ils sont ici absolument abandonnés à eux-mêmes. M. Bienaimé nous le disait dernièrement : ce qui nous manque, ce sont des écoles et des églises. Dès le XVIIe siècle, des missionnaires avaient essayé d'évangéliser l'île

Sainte-Marie, mais leurs efforts étaient restés infructueux. En 1837, M. l'abbé Dalmont vint de nouveau y prêcher l'évangile, il y mourut dix ans plus tard, en septembre 1847.

En 1851, les Pères Jésuites furent chargés des petites îles Mayotte, Nossi-bé et Sainte-Marie, mais à la suite de quelques difficultés, ils durent quitter Sainte-Marie, ce qui fut très malheureux, car les indigènes qui ont quelque instruction religieuse la leur doivent ; leur souvenir est encore l'objet d'une grande vénération de la part des vieux habitants. Les murs de la chapelle, qui dépendait de leur maison, existent toujours au milieu de l'île, ce ne sont plus hélas ! que des ruines. Une belle et grande allée de manguiers y conduit.

Actuellement il n'y a que l'église d'Ambodifothre et nous en sommes à quarante kilomètres ! A ce poste se trouve aussi une école dirigée par les sœurs, mais il est évident que les enfants de la partie de l'île que nous habitons ne peuvent en profiter. Il nous en faudrait une à Ambatouro et une petite chapelle. Oh ! que je la désire !... Je suis sûre que si nous demandions à M. l'abbé Delanoye de venir ici pour nous aider dans notre œuvre de civilisation et de moralisation, il accepterait volontiers cette mission. Nous obtiendrions aussi des sœurs de Saint-Paul de Chartres pour les petites filles et des frères pour les garçons. Ainsi tous les enfants auraient des principes religieux et une bonne instruction qui détruiraient peu à peu l'influence de leurs *sorciers*.

Tu vois, ma chère Jeanne, que nous faisons bien des projets ; j'espère qu'ils deviendront des

LE PITON DES NEIGES. (P. 127.)

réalités. Tu devines facilement combien me sourit cette espérance d'avoir des écoles pour ces pauvres enfants et pour nous des secours religieux dont nous sommes presque complètement privés depuis notre arrivée dans l'île.

Nous avons parlé de tous ces projets d'écoles et de chapelle à M. Bienaimé ; il les approuve et les encourage. Maurice lui a demandé des plans que j'attends avec impatience.

Le 4 mai.

Ton frère a acheté pour 350 francs une pirogue à un planteur. Nous lui avons donné le nom de *Marie-Jeanne* en souvenir de toi. Hier il est allé avec sa nouvelle embarcation à Ambodifothre pour y chercher le courrier au passage de la malle et il y a trouvé M. de Montore qui venait nous voir. Ce fut une bien agréable surprise pour moi.

Je lui reprochai de n'avoir pas amené sa fille comme il me l'avait promis. Il m'expliqua qu'étant à Tamatave pour affaire, il avait eu la pensée de venir jusqu'à Sainte-Marie, et il ajouta qu'il maintenait sa promesse et qu'il reviendrait bientôt avec Antoinette.

La conversation roula naturellement sur la grande île. Quand on est si près de Madagascar, dit-il, il faut absolument aller visiter Tananarive, qui est une ville vraiment curieuse et, quoi qu'on en dise, d'un accès assez facile, même pour les dames. Tu sais combien j'aime les voyages et combien aussi je suis curieuse par nature. Tu te rappelles nos excursions d'autrefois.

La perspective de voir Tananarive me plaisait assez. Maurice essaya de me persuader que le projet était irréalisable pour moi. M. de Montore l'assura que l'on s'effrayait à tort, que sa fille y était arrivée presque sans fatigue.

Nous ferions la route ensemble, dit-il, si vous vous décidiez à partir bientôt. Antoinette serait si heureuse de vous recevoir ! et vous pourriez la ramener ensuite à Sainte-Marie où je viendrai la reprendre. C'était bien tentant. M. Léon, qui connaît Tananarive, nous conseilla d'accepter la proposition de M. de Montore et s'engagea, comme toujours, à surveiller les plantations. Aujourd'hui, c'est chose décidée. Nous partons samedi prochain. Nous passerons le dimanche à Ambodifothre et lundi nous nous embarquerons pour Tananarive.

Tananarive, le 20 mai.

Puisque tu aimes les détails, ma chère Jeanne, je vais te raconter les incidents de notre voyage.

Nous nous étions embarqués sur une pirogue à Ambodifothre. Notre traversée jusqu'à Tamatave s'est accomplie sans incident. Deux jours furent employés par M. de Montore et Maurice, à organiser nos moyens de transport. Il s'agissait d'un parcours d'environ cent lieues. En Europe, ce serait l'affaire de cinq à six heures tout au plus, mais ici c'est autre chose. Quoique les Malgaches aient eu, depuis ces dernières années surtout, des rapports fréquents avec les Européens, ils n'ont encore adopté aucun des moyens de communication qui rendent les voyages si faciles dans notre pays. Nous n'avons ni chemin de fer, ni chevaux, ni voiture. Il n'existe même pas de chemins praticables pour aller d'une ville à une autre ; c'est à peine s'il y a un sentier tracé à travers un pays très montagneux, sans cesse coupé par des rivières sur lesquelles aucun pont n'a encore été construit.

Je profitai de mon séjour à Tamatave pour aller revoir le Père supérieur des Jésuites qui nous avait si bien accueillis lors de notre passage dans cette ville. Le lendemain de notre arrivée, je pus assister à la Messe dans la petite chapelle des Pères et y faire la sainte Communion, bonheur dont je suis si privée à Sainte-Marie.

Au moment du départ, j'ai été très touchée d'une attention de ces messieurs : ils avaient remplacé pour moi le filanzane, ce véhicule très incommode, par un palanquin dans lequel je pouvais m'étendre, ce qui était bien moins fatigant.

Nous avions vingt-quatre bourjanes ou porteurs, quatre pour mon palanquin, autant pour chacun des filanzanes de ces messieurs, douze autres pour relayer les premiers et douze Noirs pour porter les bagages et les provisions, enfin en tout plus de cinquante personnes. Nous sommes partis à 7 heures du matin. Notre cortège avait vraiment quelque chose d'original. M. de Montore ouvrait la marche, puis venait mon palanquin. Maurice nous suivait, et derrière nous, les porteurs de rechange et les Noirs. Nos bourjanes se mirent au trot, et ce fut avec cette vive allure que nous traversâmes les faubourgs de Tamatave. Nous étions passablement secoués ; dans mon palanquin je ne courais aucun risque d'être jetée par terre, mais il me semblait que ces messieurs devaient être obligés de faire grande attention pour ne pas tomber en bas de leur filanzane. Lorsqu'ils furent hors de la ville, les porteurs ralentirent leur marche bien forcément, car nous entrions dans un pays marécageux où nous avons admiré de beaux palétuviers tout couverts de fleurs. Puis ce furent des plaines sablonneuses, semées de grands arbres morts dépouillés de leur écorce et n'ayant pour verdure que les orchidées et d'autres plantes parasites, poussées au hasard dans les fissures de leurs troncs.

Nous arrivons sur les rives d'un fleuve qu'il faut traverser, et il n'y a aucun pont ; mais j'aperçois bientôt toute une suite de petites pirogues creusées dans des troncs d'arbres. Chacun de nous aura la sienne. Après m'avoir installée le plus commodément possible dans celle qui m'est destinée, les bourjanes plient avec beaucoup d'adresse mon palanquin, ils se placent à leur tour dans ce frêle esquif, et s'armant de courtes pagaies, ils battent l'eau en chantant. Toutes ces petites pirogues se mettent en route à la fois, et nous naviguons ainsi durant une grande demi-heure. Nous suivons le littoral pendant une assez longue distance et souvent à travers de magnifiques paysages. Notre première journée se termine au petit village de Tampina. Il n'y a dans ces parages ni auberge ni hôtellerie, et nous n'avions emporté aucun objet de campement ; mais nous avons trouvé là des baraques destinées aux voyageurs indigènes et étrangers. C'est ce qu'on appelle la case royale. Je ne comprends pas la signification de ce mot, car sa pauvreté ne rappelle en rien la magnificence d'un trône. Absence complète de siège, de lit, de table, comme de croisée et de cheminée. Si l'on veut du feu pour faire cuire les aliments que l'on a apportés, la fumée devra s'échapper par la porte. Tout l'ameublement consiste en nattes qui se superposent sans se renouveler. Je te laisse à penser si ce lieu de repos inspire quelque répugnance. Ces abris sont toujours ouverts et appartiennent aux premiers arrivants ; si d'autres voyageurs surviennent, on s'entasse tant que l'espace le permet ; c'est peu commode ; cependant, on en est encore bien heureux quand on ne veut pas coucher à la belle étoile, et moi j'aurais tort de me plaindre, car mon palanquin, installé dans un coin, m'a servi de lit, tandis que M. de Montore et Maurice ont dû s'étendre sur des nattes qui avaient sans doute vu passer bien des voyageurs avant eux.

Il paraît que quand les cases sont pleines et qu'il n'y a plus moyen d'y trouver une place, on peut recourir à l'hospitalité des Malgaches ; ils vont parfois jusqu'à quitter leur logement pour le laisser sans aucune défiance aux étrangers qui demandent un abri, leur offrant même des œufs, un poulet, des fruits, etc. C'est un désintéressement que l'on ne rencontrerait pas toujours dans nos villages d'Europe.

Notre seconde journée se passe au milieu d'une végétation luxuriante ; toujours en longeant la côte, nous arrivons au port d'Andevorante sur les bords de l'Yvondro, large rivière qui donne accès à l'intérieur. Nous remontons son cours, qui présente une succession d'admirables paysages dans des pirogues semblables à celles de la veille. Des arbres gigantesques enlacés aux flexibles rameaux des palmiers forment des bouquets impénétrables aux rayons du soleil ; leurs branches qui souvent fléchissent sous le poids de fruits délicieux, venaient se plonger dans les eaux en passant par-dessus nos têtes et nous cachaient la rive opposée. Des lianes admirables par leur délicatesse s'étendent de branche en branche et forment comme un réseau de léger feuillage. Il paraît que ces ombrages si attrayants sont la retraite de caïmans terribles et de redoutables sangliers. Après quatre heures de navigation, nous faisons halte à Maromby. L'itinéraire change alors complètement de direction et d'aspect, nous avançons vers l'Ouest, allant en droite ligne vers Tananarive. Il y a aussi un changement dans notre marche, qui est devenue lente et difficile. C'est une ascension à travers un amphithéâtre non interrompu de montagnes ou de mamelons recouverts par la brousse. Ici des escarpements et des précipices, plus loin des fondrières remplies de boue. Dans les ravins, les raphias et les bananiers avec quelques ravenales donnent un peu de verdure à ces tristes parages. Et sur cette route,si pénible pour nos porteurs, en ces étroits sentiers à peine tracés, se pressent une multitude de piétons qui montent, descendent, chargés de lourds fardeaux, car tous les transports se font à dos d'hommes. Un matin, nous avons été arrêtés par une file interminable de bœufs que l'on conduisait à la côte pour être embarqués.

Il nous restait encore à faire la partie la plus fatigante et la plus périlleuse de notre voyage : la traversée de la grande forêt d'Analamazoatra, qui forme comme un anneau sans fin autour de Tananarive et dont le grand roi Radama disait vers le commencement du siècle à des Européens qui les menaçaient d'une guerre : « J'ai pour me défendre deux généraux qui en valent bien d'autres : Hazo et Tazo, la forêt et la fièvre. »

La route est vraiment effrayante. Notre chemin était parfois couvert d'eau, plus loin des ravins glissants, des arbres tombés en travers de la voie et qui exigeaient de longs détours. J'admirais nos porteurs ; il faut qu'ils soient d'une force et d'une adresse incomparable. Avec un voyageur sur les épaules ils marchent, courent, sifflent, chantent quatre ou cinq heures consécutives. sans s'arrêter un seul instant.

La forêt retentissait perpétuellement des cris stridents des singes, des farouches aboiements des chiens sauvages et des chants d'une infinité d'oiseaux. Le plumage brillant du colibri l'aurait fait prendre pour une fleur se détachant sur le feuillage des arbres.

Les perroquets noirs, le ramier vert, le pigeon bleu manifestaient aussi leur présence, le premier par un cri perçant, les autres par de doux roucoulements ou des sifflements prolongés. Nous avons aperçu quelques serpents, mais nos porteurs nous ont assuré qu'ils étaient inoffensifs.

Après une journée bien fatigante, nous arrivons à un groupe de cases sur un monticule au-dessus d'une rivière; nous y passons la nuit, et le lendemain nous continuons notre route, mais non sans constater une certaine inquiétude chez nos bourjanes. Ils ont une peur affreuse

LA TRAVERSÉE DE LA GRANDE FORÊT D'ANALAMAZOATRA.
(P. 143.)

des fahavalos qui attaquent les caravanes et pillent les voyageurs, et nous allions pénétrer dans la région qu'ils exploitent. Nous cheminions bien tranquillement lorsque tout à coup nous entendons des cris perçants : Fahavalos ! Fahavalos ! s'écrient éperdument nos porteurs. Ils posent par terre mon palanquin et les filanzanes de ces messieurs et se sauvent. M. de Montore et Maurice prennent leur fusil et se placent devant moi. A travers les arbres, ils aperçoivent quelques fahavalos qui se dirigeaient vers nous en courant, ils tirent et atteignent un de ces brigands ; ils avancent encore, et un second coup de fusil effraie les autres probablement, car nous les entendons prendre la fuite. Quelques instants après, nos bourjanes, rassurés, revenaient près de nous, et comme M. de Montore leur reprochait leur couardise, ils répondirent qu'ils étaient là tout près derrière les arbres, et que s'il y avait eu le moindre danger de mort pour nous, ils seraient accourus à notre secours. Nous n'en avons rien cru, bien entendu, mais comme nous ne pouvions nous passer d'eux, nous fîmes semblant d'avoir foi en leurs affirmations.

Après plusieurs jours de marche, de montée en zigzag, nous arrivons aux collines nues et rougeâtres de l'Émyrne, puis au grand village de Mantasoa, et là j'apprends que nous sommes encore à huit lieues de Tananarive. Enfin, quelques heures plus tard, nous découvrons au loin, assise au sommet de ses collines, la ville mystérieuse. Elle présente à la distance de trois ou quatre lieues un aspect imposant. Une grande rivière se déroule à ses pieds. Pendant quatre ou cinq heures nos bourjanes nous emportent à toute vitesse; nous franchissons la dernière butte qui nous séparait de Tananarive pour descendre dans la vallée de l'Ikoupa et peu de temps après nous arrivons à l'entrée de la capitale de Madagascar.

C'est une ville d'un aspect des plus pittoresques. Du sommet de la montagne sur laquelle elle est située, le regard s'étend sur les immenses plaines arrosées par la rivière de l'Ipouka. Tananarive n'a point de portes comme nos villes anciennes. Son entrée est marquée par deux pierres énormes, et je t'assure, ma chère Jeanne, que j'ai été heureuse de les saluer comme terme de notre voyage; car malgré toutes les attentions de mes compagnons de route, attentions dont je leur suis mille fois reconnaissante, j'éprouvais une grande fatigue.

Ce n'est pas une petite chose que de franchir, au milieu de tant de difficultés, les cent lieues qui séparent Tamatave de la capitale de Madagascar.

Nous sommes arrivés le soir, le soleil colorait encore de ses chauds rayons les terrains rougeâtres, les cascades de roches grises ou violettes, ce qui donnait à Tananarive un aspect féerique.

Quelques instants avant notre entrée dans la ville, M. de Montore fit prendre aux porteurs de son filanzane une allure très vive. Ils nous eurent bientôt dépassés. Je compris qu'il voulait arriver avant nous, afin de prévenir Antoinette. En effet, elle nous attendait à la grille de la villa qu'occupe son père et elle nous accueillit avec une joie qui ne m'étonna pas de sa part. Les circonstances dans lesquelles je l'ai connue, les dangers que nous avons courus ensemble, et surtout l'épreuve que Dieu lui a envoyée pendant notre séjour à Mayotte, ont formé entre nos âmes un véritable lien, et moi aussi j'ai été heureuse de la revoir. Leur habitation est très bien située ; elle est en quelque sorte cachée sous la verdure. J'ai retrouvé ici comme à Saint-Denis l'inévitable varangue, qui est du reste dans les pays chauds la pièce la plus agréable.

Dès le lendemain de notre arrivée, M. de Montore et Maurice ont commencé à visiter Tananarive et ses environs. Quant à moi, qui redoute les longues courses, je me contente de quelques promenades avec Antoinette dans l'intérieur de la ville.

Tananarive est bâtie en amphithéâtre. Elle est couronnée par le grand palais de la reine avec ses quatre tours qui dominent le palais d'argent et la chapelle royale. Tout auprès s'élève le palais du premier ministre dont le dôme est de verre, puis la cathédrale catholique.

Deux grandes voies conduisent au point culminant de la ville ; l'une traverse le quartier des jolies villas qu'entourent des plantes toujours vertes, et où réside la colonie anglaise ; l'autre dessert le quartier commercial et descend dans la basse ville.

Tananarive, le 23 mai.

On appelle Tananarive la ville aux mille villages, et elle est bien nommée ainsi, car elle ressemble à une vaste agglomération de villages plutôt qu'à une grande ville, malgré son étendue et sa population. Nous avons d'abord parcouru à pied l'une des deux voies principales, celle qui est bordée de villas. Nous y avons fait une visite à une aimable jeune dame anglaise avec laquelle Antoinette est en relations. Elle n'est pas charmée de son séjour à Tananarive, et elle voudrait bien que son mari, qui s'occupe d'affaires commerciales, changeât de résidence, comme a fait M. de Rivera aux grands regrets d'Antoinette. En sortant de chez Mme Andeley, nous avons rencontré plusieurs dames en palanquin, car ici les personnes nobles ou dans une certaine situation ne sortent jamais à pied. Nous avons croisé également des Malgaches qui descendaient vers le quartier commercial. Les hommes portent le lamba, pièce d'étoffe, généralement blanche, qui a environ cinq mètres de long sur trois de large, qu'ils drapent autour d'eux d'une façon assez gracieuse. Les ouvriers ne sont guère vêtus que du sadik, long morceau de toile étroit, négligemment attaché autour des reins et qui tombe jusqu'aux genoux.

Le costume des femmes hovas ne comporte ordinairement que deux pièces, une longue chemise à manches boutonnée au cou et un lamba; parfois elles portent aussi un jupon, mais contrairement à nos usages, sous la chemise qui est en cotonnade écrue pour les pauvres gens et en cotonnade blanche, voire même en mousseline pour les femmes de condition. J'en ai vu qui avaient la forme de nos robes de chambre.

Les femmes hovas ont grand soin de leur coiffure; leurs cheveux noirs sont très longs et tressés de mille manières, ce qui constitue un véritable travail ; aussi elles s'aident entre elles. On les voit à la porte de leur maison l'une tressant les cheveux de l'autre, et cette occupation semble être fort grave. Lorsqu'elles sont en deuil, elles dénouent ces tresses, les cheveux restent tout ébouriffés autour de leur tête.

Le costume européen tend du reste à se répandre à Tananarive. Les personnes de qualité l'ont adopté, mais ne savent pas encore le porter ; elles donnent toute leur préférence aux couleurs vives et éclatantes.

Nous allons à la messe à la cathédrale, qui est dédiée à l'Immaculée Conception.

Il y a ici des Jésuites, des frères des Écoles chrétiennes et des sœurs de Saint-Joseph de Cluny. Les premiers apôtres de Madagascar furent deux envoyés de saint Vincent de Paul qui y trouvèrent la gloire du martyre. Ils furent remplacés par d'autres missionnaires, et, en vingt-cinq ans, la grande Ile coûta aux seuls Lazaristes dix-sept prêtres et dix frères. Durant tout le XVIIIe siècle et presque jusqu'à nos jours, la persécution sévit, mais sans arrêter le zèle de ces apôtres.

Le 13 juin 1855, le Père Taïx, de la Compagnie de Jésus, était parvenu, sous des habits laïques, à pénétrer jusqu'à Tananarive. Il convertit le prince Rakoto Radama, depuis Radama II, et le 8 juillet de la même année, il célébrait, pour la première fois, la messe dans la capitale Hova dans une chambre, à l'étage supérieur d'un pavillon appelé château tremblant. Huit personnes y assistaient, MM. Laborde et Lambert, deux négociants français qui avaient facilité l'entrée des missionnaires et quatre Malgaches, parmi lesquels une femme.

Grâce à l'arrivée au trône de Radama II, la persécution s'arrêta pendant quelques années, de 1861 à 1863. Les missionnaires en profitèrent pour faire construire trois chapelles catholiques et deux écoles de sœurs.

La révolution pendant laquelle Radama II fut assassiné, sembla tout remettre en péril.

Les missionnaires restèrent à leur poste et continuèrent leur apostolat. Rien n'arrêta leurs efforts. Plus tard, ils durent se retirer devant la force ; mais ils revinrent et le catholicisme, malgré bien des luttes et de sourdes menées, gagne certainement du terrain dans l'île.

Le 25 mai.

Hier, vendredi, jour de grand marché, nous avons été jusqu'à la place d'Andola, où il se tient. Il y règne une animation extraordinaire. Depuis le lever jusqu'au coucher du soleil, c'est une succession continuelle d'indigènes dans la grande rue qui traverse la ville ; les uns portent les objets qu'ils vont vendre, les autres reviennent avec leurs acquisitions. On y trouve des choses de toutes natures, spécialement ce qui concerne l'alimentation, beaucoup de charcuterie pour laquelle les Malgaches ont une préférence très marquée. Étoffes du pays, cotonnades anglaises et américaines, indiennes de toutes couleurs, de la viande de bœuf, des bananes, des ananas, des mangues, de la volaille, des œufs, du riz, des citrons, des oranges, des pistaches, du maïs, du manioc, etc. A côté des fruits et des légumes, des meubles en bois des îles, palissandre, bois de rose, des nattes, des paniers, de la ferblanterie, de la quincaillerie indigène, des verroteries qui servent dans les transactions avec les tribus de la côte du sud, toutes ces marchandises sont pêle-mêle étalées par terre ; la viande posée sur des feuilles de bananier ou sur des nattes, à côté des chapeaux de paille, des couteaux, des bêches, du tabac, du rhum, de l'arack. Les Européens ont en outre quelques boutiques françaises ou anglaises dans lesquelles on vend aussi de tout : vin de Champagne, vinaigre, conserves, liqueurs, flanelle, toile, casques coloniaux, etc.

Le bazar français est assez bien approvisionné, et c'est là que j'ai trouvé le papier sur lequel je t'écris et les quelques vues que je t'envoie. Je demandai à l'indigène qui me servait, un objet qu'il n'avait pas, il me répondit qu'il *montait*. Je ne saisis pas tout d'abord la signification de ce mot, et Antoinette, voyant mon étonnement, me dit à mi-voix : cela signifie *qu'il est en route*. En effet je ne me rappelle que trop que nous avons toujours *monté* pour arriver jusqu'à Tananarive.

Pendant que je t'écris, j'entends le coup de canon qui annonce que la journée est finie ; demain, dès l'aube, à 5h., un autre coup de canon me servira de réveil matin ; mais je crois que ces avertissements sont surtout pour les militaires.

Maurice a retrouvé ici un de ses compagnons d'études de St-Stanislas, aujourd'hui lieutenant. Tous les deux ont été bien heureux de se revoir. M. de Montore l'a engagé à dîner, et nous avons passé une bien bonne soirée à causer de la France et de Paris que la famille de M. Morel habite. Le séjour à Tananarive n'est pas très

MADAGASCAR. — PREMIÈRE MESSE CÉLÉBRÉE A TANANARIVE LE 8 JUILLET 1855. (P. 150.)
(D'après un croquis du R. P. Taïx, Missionnaire jésuite.)

gai pour nos militaires, mais le climat est sain, et les Européens qui viennent s'y établir n'ont rien à redouter des fièvres qui font ailleurs tant de victimes, à la condition toutefois de se soumettre à un régime préventif. Il faut se nourrir surtout de viandes rôties ou grillées. Le bœuf est excellent, les volailles, poulets, canards, dindons sont très bons aussi ; les œufs, quelques légumes secs peuvent accompagner ces aliments, mais il faut user avec une grande réserve des salades, concombres, tomates, fruits et de toutes les crudités herbacées. Le vin pris très modérément est une bonne chose, mais les alcools, liqueurs, apéritifs sont très mauvais. L'eau ne doit être bue, et c'est là peut-être la recommandation la plus essentielle, que bouillie et filtrée, car sans ces précautions, elle est le véhicule des fièvres paludéennes et typhoïdes ainsi que de la dyssenterie. La quinine, prise à très petite dose, est aussi un puissant préservatif.

L'année se divise à Madagascar en quatre saisons qui ne correspondent pas avec les nôtres. Le printemps, qui est pour les indigènes l'ouverture de l'année, commence le 15 août et finit le 15 novembre. C'est pendant ces trois mois que l'on sème, que l'on plante et que la germination est active. La saison des grandes pluies, du 15 novembre au 15 février; l'automne du 15 février au 15 mai, c'est l'époque des moissons, des récoltes du riz, du sorgho, du maïs, des patates, etc., et enfin l'hiver, du 15 mai au 15 août, saison relativement froide. La végétation s'arrête d'une façon marquée, et un grand nombre d'arbres se dépouillent de leurs feuilles.

Le 30 mai.

Je passe ici de bien bonnes journées dans une douce intimité avec Antoinette. Il semble que nous soyons de très vieilles amies, et malgré la distance de nos âges, nous pensons en toutes choses de la même manière. Nous continuons de visiter ensemble Tananarive. Elle m'a conduite cette après-midi dans la case d'une famille pauvre à laquelle, je l'ai compris, elle vient souvent en aide. Il était 5 h. du soir. C'est le moment où l'on commence à préparer le repas. La femme malgache était allée chercher, dans un trou où on le conserve, la quantité de riz nécessaire et elle l'écrasait dans un mortier avec un pilon. Antoinette lui demanda de continuer son travail. Elle avait attaché sur son dos son plus jeune enfant qui, habitué sans doute au mouvement du pilon que sa mère élevait et abaissait d'une façon très régulière, ne pleurait pas et ne paraissait nullement en souffrir. Lorsqu'elle trouva que le riz était suffisamment pilé, elle en enleva avec soin les petites pierres et la paille qui pouvaient encore y être restées ; elle le plaça ensuite sur un large plateau en jonc et, après l'avoir encore secoué, elle le jeta dans une marmite de fer en y ajoutant un peu d'eau. Dans un coin de la case se trouvait le foyer, composé simplement de trois pierres formant un trépied sur lequel elle posa la marmite, puis, avec des herbes sèches et un peu de bois, elle alluma le feu. Le riz devait bouillir pendant plusieurs heures. Il constitue presque exclusivement la nourriture des indigènes. Parfois, les jours de fête, on y ajoute un peu de viande et quelques légumes, le tout cuit ensemble.

Ici, comme à Sainte-Marie, l'ameublement des cases est des plus élémentaires. On ne connaît ni chaises, ni tables : l'assiette, la fourchette, la cuiller et le verre sont remplacés par un morceau de feuille de bananier. Les indigènes, lorsqu'ils reviennent le soir, ont hâte de faire ce qu'ils appellent le repas des chouettes ; ils s'accroupissent en rond, la marmite est décrochée et placée au milieu du cercle et avec la feuille de bananier, pliée en forme de cornet, on puise dans la marmite une portion de riz et d'eau, puis ouvrant la bouche très large, on y verse le contenu du cornet. On recommence le même exercice jusqu'à ce que la faim soit satisfaite. La couche supérieure du riz a, paraît-il, un goût beaucoup plus agréable, et doit être réservée pour les personnes les plus respectables.

Lorsque la marmite est vide, on la remplit d'eau, on la remet sur le feu et c'est cette eau qui sert de boisson aux indigènes. Elle a un goût particulier que lui donne la croûte épaisse de riz qui reste attachée aux parois de la marmite.

Les maisons, dont beaucoup sont construites en bois, sont jetées sur les collines sans symétrie et sans alignement. Des sentiers étroits et tortueux les relient à la grande voie centrale, mais on apporte un soin tout particulier à leur orientation. La forme est rectangulaire, elles n'ont souvent que quatre mètres sur six. Les plus grands côtés sont orientés au Nord-Est. A l'Ouest se trouvent la porte et une fenêtre. Sur le pignon du Nord, il y a ordinairement deux petites fenêtres, l'une au-dessus de l'autre. Le rez-de-chaussée de beaucoup de maisons est divisé en deux parties. On entre d'abord dans une petite pièce, et la porte est si étroite que l'on est obligé de se mettre de côté pour la franchir. Cette petite pièce est par le fait une sorte d'étable où vivent pêle-mêle des poules, des canards, des oies, des porcs, des moutons et même de jeunes veaux. La chambre au Nord a une petite porte au milieu de la cloison, et le pas est assez élevé pour que les animaux ne puissent pas le franchir. Cette pièce est la chambre à coucher de toute la famille. Le sol est d'argile, et les lits sont des nattes étendues.

Il y a maintenant ici un certain nombre de constructions faites à l'Européenne, la plus belle est celle du résident général. En notre qualité de Français, nous l'avons visitée. La situation est fort agréable et les bâtiments d'un bon style. Quand on pense aux difficultés qu'a dû surmonter l'architecte dans un pays où il ne trouvait ni matériaux, ni ouvriers, on admire encore plus ce beau monument.

Le 2 juin.

Aujourd'hui, nous sommes allées voir le palais d'argent bâti par Radama Ier, et comme je m'étonnais du nom qu'il portait, car je n'y voyais point la plus petite plaque d'argent, Antoinette me dit que cette appellation venait des pointes d'argent avec lesquelles on a fixé les bardeaux qui le recouvrent, de ses serrures qui sont en argent et des petites clochettes également d'argent qui garnissaient les arêtes des voûtes ainsi que les encadrements des fenêtres, mais qui ont disparu depuis longtemps déjà. Ce palais est construit tout en bois, couvert d'un toit pointu à rebords. C'est un pilier central qui soutient toute la charpente. Le rez-de-chaussée se compose d'un grand salon avec d'immenses fenêtres et de plusieurs autres pièces.

Un peu plus loin, Ranavalo Ire a fait bâtir un second palais beaucoup plus grand que le palais d'argent. Aux quatre angles s'élèvent des tours carrées surmontées d'une croix en fer. Dans le bas, d'immenses salons étonnent par leur ameublement. Les murs sont tapissés avec du papier à grands dessins dorés et les fenêtres garnies par des rideaux en peluche rouge.

Antoinette connaît une dame de la cour, et grâce à elle, il me fut possible de voir la reine, ce que je désirais beaucoup. Autour du palais règne une large varande, et c'est là que Ranavalo III passe ses journées. Elle est de taille moyenne, mince, d'une physionomie agréable, habillée à l'Européenne et elle porte bien ses vêtements. Son teint est franchement olivâtre ; ses yeux sont doux et veloutés. En arrivant, nous l'avons trouvée étendue sur un canapé, elle avait un peignoir rose pâle avec des rubans d'une teinte plus foncée. Elle a une très belle chevelure qui est relevée sur le front. La dame qui nous accompagnait nous a présentées et après quelques minutes d'audience, nous nous sommes retirées. Bien qu'il y eût là une personne qui servit d'interprète, la conversation ne pouvait pas être très animée. La reine est actuellement dans une position bien difficile, elle se trouve placée entre la domination française et ses sujets qui voudraient la voir reprendre le pouvoir. On est loin d'une pacification complète.

M. de Montore et Maurice, qui font des excursions hors de la ville, nous parlent d'insurrections et de rébellions dans les villages qui entourent Tananarive, et hier soir nous avons vu les lueurs d'un incendie qui en était le triste résultat. Les indigènes devraient cependant être heureux de notre domination, car ils étaient parfois gouvernés d'une façon bien cruelle. L'autre jour, en passant sur la place d'Andohalo, M. de Montore, qui est au courant de l'histoire de Madagascar, me citait un trait d'une barbarie inimaginable. C'était au mois d'avril 1857, la reine Ranavalo Ire, souillée du sang de plus de cent mille de ses sujets, fit tenir un nouveau conseil de mort, pour achever, disait-elle, de purifier son peuple.

Elle avait fait publier auparavant dans ses États qu'elle accorderait une grâce générale à tous ceux qui avaient commis quelque faute, s'ils s'en reconnaissaient coupables en présence des juges, et qu'ils seraient au contraire passibles des châtiments les plus sévères, s'ils étaient convaincus sans s'être révélés eux-mêmes. Bientôt des listes nombreuses d'accusés, qui figuraient souvent pour des crimes imaginaires, avaient été dressées de gré ou de force; on comptait d'ailleurs sur une amnistie complète. Mais, au jour où devait être promulguée, sur cette place, une grâce plénière, douze cent trente-sept individus sur quatorze cent quarante-cinq qui s'étaient accusés eux-mêmes, furent chargés de fer par groupes de cinq, attachés ensemble et mis à mort; leurs femmes et leurs enfants, au nombre de plus de cinq mille, furent réduits en esclavage.

A gauche de la place, était le lieu réservé aux supplices de la lapidation et de la strangulation, et non loin du palais, on remarque encore un escarpement qui a, me dit-on, deux cents mètres. C'est de là que l'on précipitait les malheureux condamnés à être noyés.

Le 4 juin.

La religion catholique, ainsi que je te l'ai dit, a fait de grands progrès dans l'île; mais il n'est pas sans intérêt de connaître ce qu'ont été et ce que sont encore, chez un certain nombre d'indigènes, les croyances malgaches. Ils ont le culte des ancêtres, et lorsqu'ils croient avoir, par leur conduite, offensé l'un d'eux, ils s'imposent des pénitences particulières pour apaiser son mécontentement.

Leur religion n'est pas très définie et difficilement ils expliquent ce qu'ils croient. Le plus grand de leurs dieux s'appelle Zanahary, c'est-à-dire le noble parfum; et par ce mot, ils comprennent tout ce qui est bon et bienfaisant comme, par exemple, le rayon de soleil qui pénètre dans la case et la vivifie. Ils prient Zanahary quand ils veulent obtenir quelque chose; ils lui offrent tantôt une victime: bœuf ou poule, tantôt une mesure de riz, mais il est à remarquer qu'ils ne prient que pour demander, ils ne connaissent pas la louange donnée à Dieu comme maître souverain, non plus que l'action de grâces après une faveur reçue. Leur religion n'a pas de ministre, il n'y a chez eux ni prêtre, ni sacrificateur; ce sont les chefs de la tribu ou de la famille qui en remplissent les fonctions.

M. de Montore nous raconta qu'il avait assisté à l'un de leurs sacrifices accompli pour obtenir la réussite d'une grave affaire.

Le sol était couvert par une natte, le chef de la tribu immola un bœuf en présence d'un grand nombre de Malgaches groupés autour de lui. Les femmes sont toujours exclues de ces sacrifices. Deux cassolettes, remplies d'encens, brûlaient devant la victime, tandis qu'un Malgache modulait à voix basse un récitatif, une prière peut-être. Pour exprimer leur recueillement, les assistants se couvraient le visage. On dépeça le bœuf, et chacun de ceux qui avaient assisté au sacrifice en emporta un morceau. Il est beaucoup plus fréquent de faire une simple offrande de poule ou de riz pour obtenir une guérison, le succès d'un voyage, une bonne récolte, etc.

Un objet du culte bien singulier, bien étrange, est celui de la pierre. Le Malgache ne voit pas en elle la Divinité, mais il l'honore comme une puissance, une vertu ayant une action physique et morale sur l'homme et sur les créatures. Le père Abinal a publié sur ce sujet des observations fort curieuses.

Cette vertu qui est incluse dans la pierre, c'est du Créateur qu'elle émane et ils affirment que la pierre a une liberté d'évolution qui est sa propriété inaliénable et qui réside dans chacune de ses parties ; la tailler serait donc en amoindrir la vertu dans la proportion des parcelles détachées, aussi ces pierres sont-elles vierges du ciseau. On les laisse telles qu'elles sont.

La pierre représente de sa nature même la force, la durée, la stabilité, la permanence, l'immutabilité. Évidemment ce culte a beaucoup d'affinité et de ressemblance avec l'antique paganisme et il en dérive certainement.

Chaque famille a sa pierre et lorsqu'un événement mémorable se produit, une seconde pierre vient s'ajouter à la première. Chacune d'elles a sa légende qui se transmet de génération en génération. Ainsi se conserve l'histoire de la famille et aussi celle du pays.

Le premier roi Hova fut acclamé sur une pierre, et ses successeurs prirent possession de leurs États en montant sur cette même pierre de leur père, et par la grâce de la pierre ils furent souverains. C'est là qu'ils recevaient le premier acte du sujet à son souverain qui consiste dans le salut et l'acclamation du peuple réuni.

C'est sur la place d'Andohalo que se trouve la pierre sacrée où la reine a été couronnée et où, au retour de ses voyages, escortée de son armée, de toute la noblesse et du peuple, elle s'arrête pour haranguer la multitude.

A côté des pierres stables, il y a les pierres marchantes, ce sont celles qui, n'étant plus équilibrées sur leurs bases, se détachent et roulent en cherchant la place où les lois de la gravité leur permettront de s'arrêter. Les vieillards assurent qu'autrefois il y avait des pierres qui répondaient en gloussant aux questions qui leur étaient adressées et la manière dont elles articulaient ces gloussements permettait d'interpréter leurs réponses. Un ton sec et brusque ou saccadé annonçait le refus ou même la colère ; le calme et la douceur du gloussement signifiait que la demande était accordée.

Les ancêtres ont planté des pierres-bornes qui gardent et protègent, de génération en génération, le champ de la famille. A ces pierres on demande une bonne récolte de riz, de patates, de manioc. On trouve sur le bord des chemins un grand nombre de pierres plantées, d'autres gisant dans leur position naturelle; le sommet des unes et le dos des autres sont souvent couverts de petits cailloux. Les Malgaches, qui viennent consulter ces pierres, qui sont à leurs yeux des devineresses, se munissent de trois, cinq, sept ou neuf petits cailloux ; ils les lancent successivement sur le sommet de la pierre, s'il en reste quelques-uns, l'affaire pour laquelle ils ont quitté la maison réussira, si c'est un voyage, qu'ils l'entreprennent, il sera heureux : si surtout le nombre de cailloux est pair, tout ira à merveille ; la chance sera simplement bonne si le nombre est impair, mais si tous les cailloux retombent à terre, ils n'ont qu'une chose à faire, rentrer chez eux, car le sort leur serait funeste.

Les Malgaches font aussi des onctions aux pierres avec de l'huile, afin de se les rendre favorables. Il s'en suit que les pierres les plus honorées sont aussi les plus huilées et les plus graisseuses.

La pierre la plus célèbre et dont la vertu est déclarée universelle est celle de Tananarive même qui est connue sous le nom de *pierre à chiffons*. Nous sommes passés dernièrement devant elle, et je me demandais ce que j'avais sous les yeux. C'est le type des pierres brutes et informes. Elle n'est qu'un fragment détaché par le temps des grands rochers sur lesquels est bâtie une partie de la ville ; le nombre des vertus qu'elle recèle est si considérable, qu'il ne peut s'énumérer. Une manière infaillible d'obtenir la grâce demandée ; santé, bonne récolte, etc., est de venir, la nuit, s'asseoir sept fois sur le sommet de cette pierre et de répéter cet exercice pendant sept nuits. A ce bloc informe sont suspendus des chiffons de toutes les espèces : de drap, de toile, de rabanne, de feutre, de nattes et de mille autres choses, la première coupe de cheveux d'un enfant, des grains de riz, des plumes, des coques d'œufs, des feuilles, etc., et tous ces *ex-voto* bizarres sont attachés, retenus à la pierre par une couche de graisse. La pluie, le soleil délivrent le bloc de ces ornements hétéroclytes, ce qui n'empêche pas les Malgaches de recommencer le lendemain.

Il faut que je te dise aussi un mot des ody. Ce sont des amulettes qui consistent ordinairement en un petit morceau de bois de la longueur de un, deux, trois, ou quatre centimètres. L'une des extrémités est percée d'un petit trou pour être plus facilement porté. On l'orne quelquefois de pierres bleues, mais sa vertu réside seulement dans le bois. Il y a des ody faits d'une corne de bœuf et ornés de perles, de rubans. On met dans la corne de la terre pétrie avec du miel et divers ingrédients, sang de crocodiles, jus de certaines racines, etc. Si le Malgache craint qu'un seul ody n'ait pas assez de puissance pour le préserver d'un danger qu'il redoute, il en achètera de l'astrologue deux, quatre même, si ses craintes sont très grandes.

Avec les ody, les Malgaches ont encore bien d'autres moyens de se préserver des dangers qui les menacent. Tantôt c'est l'écorce sèche d'un arbre, tantôt la feuille ou les fleurs d'un autre arbre.

Avoue, ma chère Jeanne, que toutes ces croyances, toutes ces coutumes sont bien ridicules et que les pauvres Malgaches ont tout à gagner, au point de vue de la raison comme aux autres, en s'attachant à notre sainte religion.

Le 5 juin.

Avant l'occupation française, l'art de guérir était des plus élémentaires à Madagascar. Les plantes étaient les seuls médicaments employés et chacune d'elles portait un nom qui indiquait sa propriété. Ainsi pour combattre le mal de tête, on ordonnait l'ody-an-doha, c'est-à-dire le remède pour la tête ; pour tuer les vers des voies digestives, on prescrivait l'ody-bidy, c'est-à-dire la plante contre les vers, etc. A cette époque la consultation ne coûtait pas cher : six sous, le remède compris. Aujourd'hui il y a une école de médecine à Tananarive, où les étudiants doivent rester cinq ans pour apprendre l'anatomie, la physiologie, la pathologie, l'hygiène, etc.

Le 6 juin.

Je m'intéresse toujours aux cérémonies funèbres ; je trouve quelque chose de caractéristique dans les usages si différents de chaque peuple à cet égard et j'avais demandé quelques détails à M. de Montore lorsqu'une occasion se présenta de voir par nous-mêmes un convoi malgache. Un homme qui demeurait avec sa famille, à peu de distance de notre villa, mourut il y a huit jours.

A Sainte-Marie, on place le corps des morts

dans un arbre creusé pour la circonstance ; à Tananarive les rois et les reines ont seuls l'honneur des coffres funéraires (c'est ainsi que l'on appelle les cercueils). Ces coffres sont en argent ; Leurs Majestés ont auprès d'elles une tige d'argent qui donne la mesure exacte de leur taille. Ranavalo Ire et Ranavalo II ont été réunies dans un même sarcophage d'argent massif pesant quinze cents livres. Ce monument est actuellement dans la grande cour du Nord du palais. Mais revenons aux simples mortels.

Dès que le malade est mourant, tous ses parents se rassemblent autour de son lit et avant même qu'il ait rendu le dernier soupir, on lui ferme les yeux, car il ne pourra dormir le dernier sommeil que si ses paupières sont closes.

Aussitôt après la mort, le corps est lavé et enveloppé dans des lamelles de bananiers. C'est le fokonolona (sorte d'assemblée municipale) qui fixe le nombre de lambas de soie dans lesquels le cadavre sera enveloppé, le nombre de bœufs qui seront tués ainsi que la durée de l'exposition du corps. Pendant les veillées funèbres, les parents, les amis consomment la partie qui leur a été attribuée des bœufs immolés avec une certaine quantité de riz et ils boivent du rhum, tandis que les chanteurs et les joueurs de valiha font le plus de bruit possible. Le troisième jour au matin on enveloppe le corps dans les lambas, qui sont maintenus par des bandelettes. C'est toujours vers 3 h. qu'ont lieu les funérailles. Le mort est porté, les pieds devant, vers sa dernière demeure, sur les épaules des membres du fokonolona.

La famille suit en pleurant et en gémissant.

Un discours termine la cérémonie. Les caveaux sont souterrains et entourés de lits de pierres superposées. Les funérailles achevées, on se sépare après plusieurs libations. A certaines époques on ajoute de nouveaux lambas aux anciens.

Il n'y a pas de couleur particulière affectée aux vêtements de deuil, mais les Malgaches dénouent les tresses de leurs cheveux et les laissent en désordre. Lorsque l'époque du grand deuil touche à sa fin, les cheveux sont réunis en un faisceau qui descend jusqu'au milieu des épaules. C'est le petit deuil. On peut, dans cet état, se présenter partout, tandis qu'une personne en grand deuil ne sort pas de sa case.

La durée du grand deuil varie selon le degré de parenté et selon le degré d'affection des survivants, mais les cheveux épars se portent rarement plus d'un mois.

Le 7 juin.

La langue malgache est très douce. C'est une sorte de murmure, sa prononciation a quelque chose d'harmonieux. Du reste les Malgaches aiment beaucoup le chant et en dehors de quelques airs nationaux, comme ceux de la Reine et du premier ministre, ils en composent eux-mêmes les paroles et la musique ; mais il faut avouer que ces chants n'ont rien de bien remarquable.

Leurs instruments sont très élémentaires. Ils ont le *valiha*, qui est le plus répandu. Sa fabrication est fort simple. On prend un tuyau de bambou d'environ un mètre de longueur et de cinq à sept centimètres de diamètre. On en soulève un certain nombre de filaments qu'on tend fortement avec des fragments de courge durcis. Les Malgaches posent cet instrument entre leurs jambes, et c'est assis qu'ils en pincent les cordes. Le son qu'ils en tirent est vraiment harmonieux et agréable quoique faible. Le *jejy*, sorte de guitare, mais qui n'a qu'une seule corde, tendue sur une moitié vide de citrouille ou de calebasse. Le joueur de jejy appuie la courge contre sa poitrine, ce qui en augmente la résonnance. De la main droite, il pince la corde et avec la main gauche, il en augmente ou en diminue la longueur, comme font les violonistes. Le *sadina*, qui est tout simplement une flûte en bambou. Leur tambour s'appelle *langorony*. Il est fait d'un tronc d'arbre évidé, couvert de deux peaux très sèches et fortement tendues. A Tamatave et dans ses environs, l'accordéon a supplanté le valiha et tous les indigènes possèdent un de ces instruments criards et désagréables.

Il n'y a pas de cérémonie sans musique. La reine ne sort jamais sans être accompagnée de sa fanfare. Tous les instruments sont bons pour composer un orchestre, mais l'harmonie n'est guère connue dans l'Émyrne. Heureusement le bruit du tambour domine tout et empêche de s'apercevoir de ce manque de mesure qui choque nos oreilles européennes. Ce que les Malgaches aiment c'est le bruit, le plus de bruit possible.

Le 9 juin.

Madagascar peut être appelé le pays des mines. L'or, l'argent, le fer y sont en abondance.

On trouve l'or à l'état natif dans les hautes terres, et les eaux des torrents en entraînent avec elles. On le rencontre dans les alluvions à l'état de paillettes de différentes grandeurs et même de pépites. M. Grandidier, qui a étudié la question, dit que les mines d'or de Madagascar sont comme le coffre-fort d'où l'on pourra tirer les fonds nécessaires à l'exécution des routes et des chemins de fer indispensables à la mise en valeur de l'île.

L'argent n'y est guère exploité ; il y existe cependant, et en 1884 la *Revue maritime et coloniale* parlait d'une mine d'argent sur la route de Fianarantsoa à Tananarive. Le fer et le cuivre y sont un peu partout ; la houille et la tourbe, en grande quantité.

J'aurais encore à te parler des productions végétales et des espèces animales de l'île, mais je te répéterais un peu ce que je t'ai dit de Sainte-Marie.

La conviction des Français qui sont ici est que Madagascar, bien administrée, deviendra la première de nos colonies.

Le 11 juin.

Antoinette est charmante. Elle est heureuse de notre séjour à Tananarive et la chère enfant ne sait que faire pour nous le rendre agréable. Je l'étudie dans son intérieur et je constate qu'elle répond parfaitement et au delà à tout ce que je pensais d'elle. Je suis sûre, ma chère Jeanne, que tu as deviné que je n'étais pas venue ici dans le seul but de voir cette ville et que je n'avais pas entrepris un voyage aussi long et aussi fatigant par simple curiosité. J'avais en effet un autre motif. Il est acquis pour moi que Maurice se plaît à Sainte-Marie et qu'il y restera; mais alors il faut qu'il y fonde une famille. Je puis lui manquer d'un moment à l'autre et je voudrais qu'il ait un intérieur ; une femme chrétienne l'aiderait efficacement dans l'œuvre de moralisation qu'il poursuit. Il ne peut épouser une indigène, et quelle est la française qui voudrait venir s'installer si loin de son pays ? Dieu a mis Mlle de Montore sur notre chemin ; elle est sérieuse, profondément religieuse, et je suis sûre qu'elle entrerait dans les vues de Maurice et le rendrait heureux. Que si par suite de circonstances que je ne puis prévoir et qui, je l'espère, ne se présenteront pas, il était obligé de revenir habiter la France, Mlle de Montore ferait certainement très bonne figure dans notre monde, car elle est d'une excellente famille et elle sera très appréciée partout où elle ira. Je n'ai encore confié qu'à Dieu cette pensée que je lui demande de bénir, si cela est pour le bonheur et surtout pour le salut de Maurice.

Tananarive, le 13 juin.

Malgré les affectueuses instances d'Antoinette qui voudrait nous garder encore, nous quittons Tananarive jeudi prochain. Voici près de cinq semaines que nous sommes ici, et il faut que Maurice retourne à Sainte-Marie. Je n'ai pas laissé oublier à M. de Montore sa bonne promesse et j'emmène sa fille. Il me la laissera un mois, plus peut-être, car il m'a dit hier qu'il était heureux de lui donner un peu de distraction et je suis convaincue qu'en insistant j'obtiendrai une petite prolongation ; mais je préfère ne point lui en parler maintenant, car je sens que son absence sera une grande privation pour lui.

On me dit qu'il y a tout à l'heure une occasion pour Tamatave : j'en profite pour faire partir cette longue lettre. Je ne t'écrirai plus maintenant que de Sainte-Marie, à moins que nous n'arrivions à temps pour le bateau à Tamatave.

Au revoir donc, ma chère Jeanne, prie beaucoup pour ton frère et un peu aussi pour ta tante.

Tamatave, le 5 juillet.

Je suis heureuse, ma chère Jeanne, de pouvoir t'envoyer aujourd'hui ces quelques lignes qui te rassureront sur notre voyage. Il s'est bien effectué, mais non hélas ! sans incidents. M. de Montore, qui devait aller à Tamatave pour ses affaires, nous a accompagnés et j'en ai été fort contente, car il connaît le pays et avec lui on ne craint point de s'égarer dans ce long parcours.

Ici, quand on se met en route, il faut s'occuper de trouver des porteurs et ce n'est pas toujours facile. M. de Montore s'était chargé de ce soin. Après plus d'une heure de discussion avec ces hommes qui n'ont qu'un but, vous exploiter, on tomba d'accord et nous nous préparâmes au départ. Nous partîmes, ces messieurs en filanzane, Antoinette et moi en palanquin. Nos bourjanes nous emportèrent avec une rapidité presque effrayante, mais je sais par expérience maintenant qu'il ne faut pas s'épouvanter de cette ardeur qui est ordinairement de courte durée vu les difficultés de la route. Au départ, les chemins sont bons relativement ; nous traversons de nombreux villages où la population est dense ; les maisons d'un aspect coquet, sont construites en pisé, au loin, on les croirait en maçonnerie ; elles sont grandes, à étage, et plusieurs sont munies de paratonnerre. Mais l'Émyrne n'est pas un pays plat, c'est une succession de montagnes et de collines.

Nous arrivons bientôt à une campagne nue, sans aucun arbre, la terre est rouge ou couverte d'une herbe fine, des blocs de granit ou de basalte semblent sortir des flancs des collines et donnent à cette région un cachet particulier.

Nous déjeunons à Alarobia, village situé à 18 kil. de Tananarive. Nous ne sommes pas encore fatigués, et ce premier repas nous semble excellent. Nous continuons notre route et nous atteignons le sommet d'une colline. Nos bourjanes s'arrêtent, se retournent et nous montrent à l'horizon un petit point blanc. C'est le haut du palais de la reine. Le soir nous trouvons une case assez grande, séparée en deux parties, dans laquelle nous nous installons pour la nuit. Nous sommes bien, car nous n'avons aucun voyageur avec nous.

Le second jour nous nous arrêtons au village de Sabotsy qu'entourent de belles rivières et des champs où se cultivent le café, le thé, la canne à sucre, l'ananas et près desquels croissent des fraisiers sauvages, des citronniers, des pêchers. A peu de distance de là commencent les difficultés de la route, des montées escarpées, des descentes rapides, des traversées de marais, des passages de rivières, etc. Nous arrivons, péniblement, pour nos porteurs, au village de Moramanga. Dans la principale rue se trouvent des marchands indigènes dont l'étalage est par terre. Ils sont assis sur leurs talons et enveloppés dans un lamba de cretonne écrue. L'aspect de ce marché est curieux.

Deux jours plus tard de marche nous atteignons un rocher du haut duquel on aperçoit encore l'Émyrne. Les Hovas l'appellent le sommet des larmes parce que lorsqu'ils quittent leur pays pour descendre vers les côtes, ils le voient de là pour la dernière fois. Un triste souvenir s'attache encore à ce rocher, c'est là que Radama Ier amenait les prisonniers pour les vendre contre du rhum, des fusils, etc. Puis nous entrons dans la grande forêt. Nous l'avons traversée il y a quelques semaines, et cependant nous ne pouvons nous lasser d'admirer encore ces arbres immenses, cette végétation à nulle autre pareille. Les taillis sont inextricables, le soleil ne pénètre que difficilement à travers le feuillage des arbres. Du reste les élans de notre admiration sont souvent interrompus par les difficultés de la route. Nos pauvres porteurs ont fort à faire ; les pentes du chemin sont glissantes, les escarpements abrupts et ils tombent quelquefois, sans jamais cependant entraîner avec eux le filanzane qu'ils portent, mais il faut s'y cramponner fortement pour éviter une chute en avant ou en arrière lorsqu'il est hissé verticalement.

Nous couchons à Beforona, grand village qui semble avoir des dispositions pour la civilisation, car dans une de ses cases est installé un bureau télégraphique. J'en ai profité pour t'envoyer un souvenir affectueux.

Après plusieurs jours de marche nous arrivons à Maromby, bâti sur un mamelon. Les femmes de ce village paraissent industrieuses. Nous en avons vu, assises par terre, tisser, sur un métier primitif, d'étroites rabanes de raphia : d'autres tresser des chapeaux avec des joncs. A la grande joie des ouvriers nous en avons acheté plusieurs qui sont vraiment bien faits. Une agréable navigation nous conduit ensuite jusqu'à Andevorante, où nous couchons. C'est un grand village ; le commerce y est actif en produits du pays ; on y rencontre même quelques marchands chinois qui vendent des denrées et des boissons. Plusieurs grands colons ont aux environs des plantations très florissantes.

Nous longeons désormais la côte et par une route magnifique. C'est un véritable parc que nous traversons : tantôt le chemin serpente à travers des bois, tantôt il traverse des clairières égayées par des troupeaux de bœufs qui paissent en liberté, tantôt il longe la mer, tantôt la lagune ; jusqu'à Ambodinisiny, c'est-à-dire sur un parcours de près de cent kilomètres, c'est une pelouse d'une merveilleuse beauté et qu'on ne rencontre nulle part ailleurs.

Ambodinisiny est un village très primitif, sans hôtellerie, qui ne se compose que de quelques cases alignées sur deux rangées. Nous y passons la nuit, et le lendemain nous rentrons dans cette longue masse d'eau jaunâtre qui s'appelle la lagune de l'Yvondro.

A Tananarive on nous avait raconté des accidents arrivés sur cette lagune, qui est peuplée de crocodiles toujours prêts à dévorer les malheureux qui tombent à l'eau, en sorte que cette navigation, qui ne m'avait nullement effrayée en quittant Tamatave, me faisait au retour une peur affreuse. Les pirogues étaient là rangées sur la rive, et l'embarquement se fit sans difficulté. Nous composions une véritable flottille. Les pirogues sont faites en général avec peu de soins, plusieurs penchent d'un côté et embarquent l'eau très facilement; elles sont parfois en si mauvais état que l'eau pénètre aussi par le fond. Celle de Maurice était assez loin de la mienne en avant, mais je la voyais parfaitement parce qu'elle naviguait un peu sur le côté. Je la suivais des yeux avec inquiétude, car il me semblait qu'elle penchait à droite. Tout à coup, je ne sais comment, une lame d'eau entra par-dessus bord et la pirogue enfonça. Je poussai un cri et fermai les yeux. Évidemment mon neveu et les bourjanes qui l'accompagnaient étaient à l'eau. Et alors?.... Dieu eut pitié de nous: une pirogue était venue au secours de Maurice et de ses compagnons. Hélas! l'un d'eux ne put être retrouvé, il avait sans doute coulé au fond de la rivière et les crocodiles en avaient fait leur proie. Nos bourjanes étaient tout émus. La victime était le frère de l'un des porteurs, et la douleur de celui-ci était bien vive.

— Ma mère me l'avait confié, disait-il en pleurant, que lui répondrai-je au retour?

Nous étions à Tamatave le samedi soir tout contents d'en avoir fini avec ce pénible voyage. Nous nous réjouissions, Antoinette et moi, en pensant que nous pourrions aller le lendemain dimanche à la messe et même aux vêpres, car nous ne devions partir que le lundi pour Sainte-Marie. Hélas! nous comptions sans les imprévus qu'envoie la Providence. Le dimanche matin quand je voulus me lever, il me fut impossible de rester debout. Je dus me recoucher. Maurice, tout inquiet, alla chercher l'un des médecins français établis à Tamatave. Il assura que je n'avais qu'une forte courbature due sans doute à la fatigue de la route.

— Vous n'avez pas eu d'émotion violente? me demanda-t-il.

Je me rappelai alors ma terreur lorsque je vis la pirogue de Maurice s'enfoncer et les crocodiles tout prêts à le dévorer.

— Il ne faut pas chercher d'autre cause de votre indisposition, affirma le docteur. Quelques jours de repos vous remettront sur pied.

Il en fut ainsi. Je vais très bien, et il n'est plus question de maladie. Mais malheureusement j'ai été la cause d'un retard de cinq jours pour tout le monde. M. de Montore n'a pas voulu nous quitter avant que je ne fusse complètement remise. Antoinette a eu pour moi des attentions vraiment touchantes, je pourrais presque dire filiales.

Le bon père supérieur des jésuites est venu me voir, et hier je me suis sentie assez forte pour aller à la messe à la Résidence; nous y avons fait, Antoinette et moi, la sainte Communion.

Nous partons demain matin. M. de Montore a repris jeudi le chemin de Tananarive.

Sainte-Marie, le 18 Juillet.

Je ne puis te dire, ma chère Jeanne, notre joie en nous retrouvant à Sainte-Marie, chez nous, car c'est bien ici notre *home*. Tout était en parfait état dans notre habitation, à laquelle nos bons serviteurs avaient voulu donner un air de fête pour notre arrivée. Partout des fleurs, des arbustes et au milieu de la table de la salle à manger une jolie corbeille tressée par une jeune Ste-Marienne que j'ai été assez heureuse pour guérir d'une blessure avant mon départ. Et dans la corbeille, les plus belles fleurs de l'île.

M. Bienaimé avait voulu fêter aussi notre retour, et la table était chargée de magnifiques fruits. Ce repas du soir, avec un si excellent ami, a été des plus agréables. Le lendemain, la visite à nos plantations nous prouva une fois de plus combien il était bon et dévoué. Antoinette l'apprécie déjà beaucoup.

J'ai repris mes occupations ordinaires. Je vais chaque matin visiter les malades et hélas! il y en a toujours. Antoinette a désiré m'accompagner et elle s'entend parfaitement aux soins à leur donner. Elle est très douce, très adroite; je lui laisse panser les blessures et l'initie à cette vie active et de dévouement que je voudrais voir devenir la sienne.

J'ai trois petites filles indigènes que je prépare à leur première communion. Elles ne peuvent aller au catéchisme à l'église avec la grande distance qui nous en sépare, et j'aime particulièrement ce ministère. Préparer une demeure à notre divin Maître, est une œuvre qui m'est très douce au cœur. Antoinette la goûte beaucoup aussi; elle se fait bien comprendre de ces pauvres enfants à demi sauvages. Elles sont peu intelligentes, et il faut avec elles de la patience et de la persévérance ; elle en a, je t'assure, et je l'admire.

— A Tananarive, me disait-elle dernièrement, je ne peux pas me livrer à ces œuvres que j'aime tant. Ce n'est pas dans les habitudes, et les indigènes ne s'y prêteraient pas.

— Mais vous avez des compensations, lui répondis-je : des relations de société agréables, des visites à recevoir, à rendre, tandis qu'ici c'est une solitude absolue.

— Oh! qu'importe la solitude, répliqua-t-elle, si l'on peut faire un peu de bien autour de soi ? N'est-ce pas là ce qui doit être le but de notre vie ?

Il est certain qu'elle paraît très heureuse à Sainte-Marie.

Lisbeth a été enchantée de la revoir :

— Elle est encore plus charmante que sur le bateau, me disait-elle. Oh! si elle pouvait rester toujours ici! ajouta-t-elle à mi-voix.

Je compris ce qu'elle voulait dire, mais ne relevai pas sa phrase.

M. Bienaimé, qui est venu ce matin de bonne heure pour chercher Maurice, m'exprima aussi fort discrètement la même idée. Après m'avoir fait l'éloge de ton frère qu'il aime beaucoup et qu'il désire voir tout à fait fixé à Sainte-Marie, il me fit celui d'Antoinette qu'il rencontre journellement ici depuis notre retour. C'est une pensée qui vient naturellement aux personnes qui connaissent ton frère et ma jeune amie. Puisse cette union entrer dans les desseins de Dieu!...

Le 25 juillet.

Les jours s'écoulent doucement et fort agréablement pour moi, grâce à la présence d'Antoinette. Il y a trois semaines qu'elle est avec nous. J'ai observé Maurice. Il doit aussi la trouver charmante, mais il n'a rien laissé percer d'un projet qui me tient si fort au cœur. J'ai donc cru devoir lui parler de mon désir de lui voir fonder une famille. Il a d'abord objecté que c'était un parti très grave à prendre et qui demandait réflexion. Je lui ai nommé Antoinette que la Providence semble avoir mise sur notre route.

— Mais, ma tante, me répondit-il, qui vous dit que Mademoiselle de Montore consentirait à m'épouser ?

— Je l'espère sans en avoir aucune certitude. Avant de faire une démarche vis-à-vis de son père, je voulais en causer avec toi. Penses-y sérieusement, et dans une dizaine de jours dis-moi ton impression.

Le 30 juillet.

J'avais écrit à M. de Montore pour lui demander une petite prolongation de vacances pour sa fille, et il m'avait répondu qu'il ne viendrait la chercher que dans quinze jours. Cela fait cinq semaines. Je ne pouvais espérer davantage. Nous continuons nos visites aux malades, nos catéchismes, nous avons même deux élèves de plus. Nous faisons des excursions dans l'île qui intéressent beaucoup Antoinette.

Le 7 août.

Maurice m'autorise à faire une démarche auprès de M. de Montore et il se demande aujourd'hui avec une certaine anxiété si elle sera favorablement accueillie.

Je suis convaincue qu'il serait heureux avec Antoinette, qui est une femme sérieuse, intelligente, profondément chrétienne et qui possède toutes les qualités nécessaires pour remplir la mission de dévouement qui serait la sienne à l'Ile Sainte-Marie.

Le 9 août.

M. de Montore est arrivé hier. Il passera la semaine avec nous. Je ne me presse donc pas de lui faire ma demande. Je voudrais qu'il ait visité nos plantations et jugé par lui-même de la bonne situation de Maurice dans l'île. A la veille de faire cette démarche si grave, je me sens quelques craintes. M. de Montore consentira-t-il à se séparer de sa fille ? Antoinette elle-même acceptera-t-elle notre proposition ? J'ai beaucoup prié ce matin et demandé à Dieu que tout soit pour sa gloire et le bonheur de Maurice.

Le 12 août.

La demande est faite et elle a été accueillie favorablement par M. de Montore. Antoinette a été très impressionnée quand son père lui a fait part de notre désir dont elle ne se doutait pas. Elle lui a d'abord répondu qu'elle ne voulait pas le quitter, mais il a triomphé de cette objection, et quelques heures plus tard elle vint vers moi, encore tout émue, et m'embrassa affectueusement. Maurice est très content, et pour ma part je suis on ne peut plus heureuse...

Le 18 août.

La cérémonie du mariage devait avoir lieu à Tananarive, mais j'avoue que la perspective d'un nouveau voyage, même en palanquin, m'effrayait un peu. Cependant j'y étais résignée lorsque M. de Montore, qui redoutait aussi pour moi cette grande fatigue, offrit de demander l'autorisation nécessaire pour qu'elle se fît à Sainte-Marie. Il repart samedi prochain avec sa fille qui désire retourner à Tananarive pour prendre divers arrangements. Leur absence durera un mois, et le mariage est fixé au 25 septembre.

Quel dommage que notre petite chapelle ne soit encore qu'en projet !

Le 28 septembre.

Hier tout notre voisinage était en fête. Maurice avait voulu qu'à l'occasion de son mariage il y eût grande réjouissance, un *sikafar !* Aujourd'hui tout est rentré dans le calme, et moi, ma chère Jeanne, je me sens impuissante à remercier Dieu qui m'a aidée si visiblement dans l'œuvre que j'avais entreprise. Voici Maurice qui a repris goût à la vie, qui sait se rendre utile. Antoinette sera son bon ange ! Ma mission est terminée ; je n'ai donc plus qu'à chanter mon *Nunc dimittis*...

C'est à la douce perspective de mon retour

près de toi que je m'arrête maintenant, mais je n'en parle ni à Maurice ni à Antoinette, afin de ne pas les attrister par la pensée de mon départ, car ce n'est que dans quelques mois que je pourrai reprendre le chemin de la France. Quelle joie de te revoir, ma chère Jeanne !

Société de Saint-Augustin, Lille-Paris-Bruges

www.ingramcontent.com/pod-product-compliance
Ingram Content Group UK Ltd.
Pitfield, Milton Keynes, MK11 3LW, UK
UKHW021044200726
13857UKWH00003B/810